Mathematics and Life

수학과 삶

김상룡 지음

KYOWOO

머리말

자신의 좌우명이나 자신의 소개를 수학적으로 소개하라고 한다면 여러분들은 어떻게 생각할까? 세상 많은 사람들에게 수학은 마치 변하지 않는 각자가 태어나기 전부터 있어왔던 진리처럼 여기고, 또한 수학은 우리 일상 삶과는 다른 세계에 속해 있다고들 생각해 온 것 또한 사실이다. 수학자처럼 머리 좋은 특수한 사람들만이 수학을 삶에서 적극 활용하고 음미할 따름이지, 일반인들은 그저 시간이나 돈과 관련된 계산 정도만 일상적으로 사용한다고들 말이다.

좌우명은 사람의 개성에 따라 각양각색이다. 그렇다면 고정된 수학과 어떻게 적절하게 관계를 맺을 수 있을까? 우리 각자가 수학이라고 명명하기 전까지는 그 무엇도 각자의 마음에 수학으로 자리 잡지 못한다고 가정한다면 이야기는 많이 달라질 것임에 틀림없다.

수학은 인류가 발견한 위대한 문화유산이자 조건이 같을 때 우리 인류 모두가 합의하여 공통적으로 받아들이는 그 무엇이다. 각 개인이 생각하는 수학에 대한 느낌을 다양하게 펼칠 수 있다는 사실은 인간의 재미있는 모습들을 자아내리라 여겨진다. 많은 이들이 무미건조하게 여기는 수학으로 우리 각자의 삶을 맘껏 그려낼 수 있다는 사실만으로도 우리의 가슴을 뛰게 하기에 충분하다.

수학이 하나의 확고부동한 결정체가 아니라 우리 각자의 맘, 곧 인간 저마다의 정신세계에서 다시 꽃을 피우는 모습을 감상해 보는 그러한 행운을 누려보자. 수학적 사실 또는 개념으로 빚어내는 인간 저마다의 색깔과 향기를 맘껏 풍미하자.

1장의 수로 풀어보는 삶, 수마다 각자가 생각하는 이미지는 다르며 저마다 삶을 투영해 재해석해 낸 것들, 적어도 수학은 고정되고 화석화된 지식이 아니라, 우리 삶에서 다시 살아나 저마다의 삶의 무늬를 만들어내는 고귀한 표현방식으로 다시 태어난다.

자! 우리 청춘들이 도전하는 저마다의 좌우명이나 개인의 정체성을 수학의 세계로 무지개빛깔처럼 곱게 물들였다. 동일한 수, 수식, 도형일지라도 각자가 음미하는 그 향기는 무릇 달랐다. 그들의 이야기를 들어보고 되새겨보면 그 또한 별미처럼 우리에게 소리없이 다가온다. 진정 이렇게도 맛깔스러울 수 없을 것이다. 지난 10여 년간 대구교대 1학년 학생들과 생활수학 강좌에서 만나 인생에 대해 나눈 대화를 엮어 이 책의 소중한 자료가 되었다.

지난 번 '내 맘 속의 수학풍경'에 이어 또 다른 모습으로 다가오는 수학적 표현들, 혼자 보기에는 너무나 아까워 다시 한 번 감상해 볼 기회를 제공하고자 한다.

원래 우리들에게 수는 이야기를 해주지 않았다. 즉 수는 수 자체일 뿐이었지 어떤 이야기도 담고 있지 않았다. 나에게 수학이 가장 많은 정보를 주는 것은 날짜와 시간 정도였다. 하지만 나는 숫자 자체에 대해 고민을 해보면서 수라는 것은 의미를 담고 있지 않을까 생각하게 되었다.

우리가 수를 쓰는 방법은 우리가 약속한 것이다. 마치 언어처럼 말이다. 수는 언어처럼 의미를 담고 있다. 사람이 언어에 의미를 부여해 주듯이, 사람이 수에도 의미를 부여할 수 있다. 그 수의 의미는 언어의 의미처럼 사람의 생각과 경험에서 나왔다. 그래서 해석이 가능했다. 마치 문학처럼 말이다. 수는 언어처럼 우리가 약속한 표시(반, 번호, 학번, 주민등록번호, 순서, 수량 등)가 되기도 하지만 그 언어가 그렇듯 의미를 담을 수도 있었다. 내가 지금까지 단순하게 생각했던 수는 이차적이었다면 지금은 수가 3차적으로 보인다. 훨씬 더 많은 이야기와 의미를 담고 있다.

우리들의 삶을 살아가면서 생각하는 삶의 가치를 사칙연산과 함께 고려하고 표현해 보는 기회, 곧 자신의 삶을 성찰해 보는 계기를 가져보자.

① + (내가 가졌었고 가지고 싶다고 생각하는 가치) : 경력, 배움, 철학, 감수성
지금까지 내가 쌓아 온 경력과 경험들은 결국 내가 인생을 살아가는데 가장 강력한 자원이 될 것이고, 내 삶을 온전히 살아내고픈 진정한 주인이 되고자 하는 사람으로서 많이 부족한 지식적 소양과 인생을 살아가는데 필요한 지혜, 삶을 아름답고 내면을 풍부하게 만들어주는 감수성(예술)을 더 많이 가지고 싶다.

② − (버리고 싶거나 +라 생각했지만 −였던 것) : 자존심, 이기심, 이별, 병, 오버
쓸데없는 자존심과 이기심으로 주변 사람들을 힘들게 하고 결국 그것이 나를 힘들게 하는 것임을 알게 되었고 매번 겪는 아픈 이별의 고통과 건강을 챙기지 못했을 때의 병, 항상 너무 많은 생각과 너무 과한 말과 행동들(오버)로 스스로가 초라하게 느껴지는 것들을 버리고 싶다.

③ × (배가되었으면 하는 것) : 내면의 강함, 타인을 사랑하는 마음, 능력
위기와 역경의 순간을 잘 극복해 낼 수 있는 내면의 강함과 편견과 의심 없이 타인을 사랑하는 마음, 많은 사람들에게 좋은 본보기가 되고 영향을 줄 수 있는 능력, 그래서 아낌없이 줄 수 있는 그러한 자질을 갖추고 싶다.

④ ÷ (나누고 싶은 것) : 시간, 내가 가진 것, 아름다운 경치, 사랑
소중한 시간들을 혼자서가 아닌 여러 사람과 함께 하고. 내가 가진 것 중 나눌 수 있는 것은 물질적이든 정신적이든 도움이 되는 사람에게 주고 싶고, 아름다운 곳에서 아름다운 경치를 많은 사람들과 같이 누리며 사랑을 전파하는 사람이 되고 싶다.

나아가 우리는 선택의 기로에 선다. 그러할 경우에 수학적 대소 관계를

따진다. 나는 적어도 다음과 같은 규칙으로 선택을 하고프다. 곧 나의 인생에서 대소 관계를 조명해 보면 다음과 같다.

① 물질(육체) < 정신 :
어떤 경우에도 사람의 마음과 정신이 물질적인 것과 육체보다 항상 위에 있어야 한다고 생각한다. 건강 또한 마음이 건강해야 몸이 건강할 수 있고, 사람을 판단할 때에도 외적인 것보다 내면적인 것을 먼저 판단해야할 것이며 살아가는 목적 또한 물질이 아닌 정신에 있어야 한다고 생각한다.

② 배려 > 욕심 :
사람은 누구나 욕심을 가진 이기적인 존재이나 세상은 혼자 살아가는 것이 아니므로 항상 타인에 대한 배려가 먼저인 이타적인 존재여야 한다고 생각한다.

③ 능력 ≦ 인격 :
나의 배우자를 선택할 때 고려해봐야 하는 요소이다. 당연히 그 사람의 인격, 내면을 우선적으로 봐야하지만 능력 또한 결혼생활에서 필요한 현실적 요소이므로 사람과 같은 가치를 가질 수 있다고 생각한다.

④ 만남 = 이별 :
만남은 행복하고 이별은 가슴 아픈 것이다. 하지만 만남이 있으면 이별이 있고 이별이 있으면 새로운 만남이 있는 것이다. 그리고 만남과 이별 모두 분명한 교훈을 남기므로 둘의 가치는 같다고 생각한다.

다시 한번 만나게 되는 우리네 가슴속에 묻혀 있는 다양한 삶의 향기를 수학이라는 매개체로 인하여 끄집어내어 언어로 펼쳐 보자. 수학적인 생각들이 얼마나 다양하고 풍부하며 각양각색으로 빚어지는지 말이다.

그래서 수학의 향기를 피워내고 아름다운 꽃 모양으로 만들 수 있다면 더 이상 바랄 것이 없다. 그 향연의 세계로 여러분을 초대한다.

이 자리를 빌려 나와 함께 한 교대 제자들, 이 자료를 수정·보완해 준 서령 학생, 어려운 여건에도 기꺼이 출간해 주신 (주)교우 관계자분들께 감사의 마음을 전한다.

저자 김상룡

목차

Chapter 02 도형으로 표현한 좌우명

Chapter 03 수식으로 표현한 좌우명

Chapter 04 그래프로 표현한 좌우명

Chapter 05 다른 기타 내용들

Chapter 06 자신의 삶을 하나의 식으로

Chapter 01 수로 표현한 좌우명

- 미지수 x
- 0.1134=hello
  (0+(-2)+10+5+1… =0.1134)
- 0 or 100
- 0 to 100
- 1=2
- 1
- 내 열정은 ∞이다.
- $1m < 1m^2$
- $x=\log_a b$
- $0.9897898\cdots \neq 1$
- 숫자 6에 대한 단상
- 나의 이름은 소수
- 인간은 0, 1, 2의 조화
- 내 인생 숫자 99
- 절대값
- 100 < 1
- 나의 삶은 0.989898……
- 10^n
- $\sqrt{\sqrt{\sqrt{\sqrt{\sqrt{\sqrt{X}}}}}}$
- 이진법적인 삶과 십진법적인 삶
- 4를 표현하는 다양한 방법처럼
- 0.9

1로서 살아간다는 것이란?

나는 과연 1로서 존재하는가? 즉, 내 삶의 주체로서 책임감 있게 살아가고 있는 것일까?

1로서 존재하기 위해서는 가장 먼저 스스로를 정확하게 파악하고 있어야 한다. 하지만, 지금까지의 나는 그러지 않았던 것 같다. 본인의 장점과 단점을 찾는 것이 힘들었으며, 장점을 떠올리면 이 모습이 진짜 내가 맞을까하는 의구심이 들었고, 단점을 떠올리려니 마음이 아파서 계속해서 잊으려고만 했다. 그러다보니 충분히 발전할 수 없었다. 장점 앞에서는 부끄럽고 소극적인 사람이 되고, 단점 앞에서는 수치스러움만 느끼다 보니, 객관적으로 본인을 확실하게 바라보지 못했다.

내가 1이 되어야 교사로서 학생들에게 주체적으로 살아가는 방법을 알려줄 수 있다. 나에게 특기가 있다면 긍지와 자부심을 가지고 인정하는 자세 또한 필요하다. 나의 재능이 다른 사람에게 알려주기에는 턱없이 부족하다는 생각이 들면 숨기려 하지 말고 오히려 능력을 키우고 발전하기 위해 도전하는 사람이 되어야 한다. 단점 또한 있는 그대로 받아들이도록 해야 한다. 그러기 위해서 단점을 극복하기 위한 구체적 계획을 세워볼 것이다. 계획을 세우거나 반성할 때는 감정적으로 접근하는 것에서 그치지 말고 마치 수학을 바라보듯이 체계적으로 분석하려고 해야 한다는 것을 느꼈다. 과거의 본인 모습을 미분하듯이 작게 나누고 분석해보자. 나의 24시간을 미분해볼 수 있고 살아온 인생 전체를 미분할 수도 있고 과거의 행동이나 생각을 미분할 수 있다. 이렇게 계속 미분하면서 꼼꼼하게 본인을 파악한 다음에는 문제가 발생한 지점을 찾고 끝으로는 부정 적분하여 다시 본인을 전체로서 종합정리하고 미래의 계획을 세우는 자세가 필요한 것이다.

1로서 살아가다가 실수나 실패로 넘어지면 −(1이 넘어진 모습 : 마이너스)가 된다고 생각하면서 좌절하고 포기하면 안 된다. 수학의 곱셈공식에서 마이너스와 마이너스가 만나면 다시 플러스가 되듯이 내가 실패해서 마이너스가 되더라도 강하고 긍정적인 마음으로 또다시 마이너스를 떠올리고 반성하면 플러스가 될 수 있다는 마음가짐이 중요하다.

완전수로 나

다양한 수학적 지식 중에서 내가 가장 닮고 싶은 것은 '완전수'이다. 완전수란 자신을 제외한 양의 약수들의 합으로 표현되는 양의 정수를 의미한다. 6은 대표적인 완전수로 6=1+2+3으로 나타낼 수 있다. 완전수는 몇 가지 신기한 특징을 가지고 있는데 첫 번째로 6=1+2+3, 28=1+2+3+4+5+6+7, 496=1+2+3+4+5+6+7+8+9+⋯+30+31, 8128=1+2+3+4+5+6+7+8+9+⋯+126+127처럼 항상 연속되는 자연수의 합으로 표현될 수 있다는 것이다. 두 번째로 모든 짝수인 완전수는 삼각수이다. 이는 삼각형을 형성하도록 배열된 공의 개수로 이 수를 표현할 수 있음을 의미한다. 세 번째 특징으로 모든 완전수는 연속적인 홀수의 세제곱의 합이 된. $1^3+3^3=28, 1^3+3^3+5^3+7^3=496$,

$1^3+3^3+5^3+7^3+9^3+11^3+13^3+15^3=8128$와 같이 표현할 수 있다. 이렇듯 완전수는 신기하고 재미있는 특징들을 많이 가지고 있다. 내가 완전수를 닮고 싶은 이유는 완전수의 정의에 있다. 완전수는 자기 자신을 이루는 것들의 합이라고 할 수 있다. 그래서 완전수를 '나'라고 가정할 때, 완전한 '내'가 되기 위해서는 나를 이루는 주위의 것들, 즉 환경 혹은 사람들이 어우러져야 한다. 완전수를 통해 '나'라는 존재는 오롯이 '나'로만 이루어진 것이 아니라 '나'를 비롯한 '다른 것들'과 함께 이루어져 있다는 것을 이끌어낼 수 있었고, 이것은 앞으로 어떻게 살아가야 할 것인가에 대한 해답의 실마리를 제공해주었다.

절댓값 같은 사람

내가 살면서 생각해왔던 좌우명은 '최선을 다하자' '끈기 있게 살자' 와 같은 진부한 것들뿐이었다. 그래서 이것을 어떻게 수학적으로 표현할 수 있을까에 대한 고민이 컸다. 그 결과, 수학적으로 나의 좌우명을 표현하자면 '절댓값 같은 사람이 되자' 이다.

예를 들자면, +5와 −5는 명백히 다른 숫자이다. 그러나 이 두 숫자의 절댓값은 모두 5로 같다.

수직선 위에서 0으로부터 떨어진 거리만 같으면 일정한 값을 갖는 절댓값처럼, 늘 한결 같은 사람이 되자는 뜻에서 '절댓값 같은 사람이 되자' 라는 좌우명을 정해보았다. 세상을 살아가다보면 항상 긍정적인 상황만 직면하는 것이 아니라 부정적인 상황에도 놓일 수 있는데 어떤 순간이 와도 늘 한결같이 행동하는 사람을 볼 때마다 존경할 만한 사람이라는 생각을 해왔다. 그리고 그러한 사람을 본받는 것이 내 좌우명이었기 때문에, 절댓값 같은 사람이 되고 싶다고 생각했다.

$$|+5| = 5 \qquad |-5| = 5$$

+5의 절댓값 　　 −5의 절댓값

$\frac{19}{20} \neq 1$ (20분의 19는 1이 아니다)

수학적으로 나는 $\frac{19}{20} \neq 1$ (20분의 19는 1이 아니다)와 같이 표현할 수 있다. 이것은 내가 고등학교를 졸업하고, 대학교를 와서 경험한 것들에 대한 이야기이다.

이 수식의 의미는 간단하다. 분모에 있는 20은 고등학교를 졸업하고 막 20살이 된 나의 나이를 의미한다. 그리고 분자에 있는 19는 고등학교 3학년이었던 나의 나이 19살을 의미한다. 따라서 '20분의 19는 1이 아니다'라는 것은 현재 20살인 나 중에서 19살과 같은 행동을 하면 내 인생이 1이 되지 않는다는 것을 의미한다.

그렇다면 '19살로서의 삶'은 무엇이고, '20살로서의 삶'은 무엇일까? 먼저 '19살로서의 삶'이라는 것은 고등학교에서 담임선생님께서 시키시는 대로 시험공부하고, 교내대회를 나가고, 자기소개서를 작성하는 것을 의미한다. 즉, 나의 삶을 스스로 결정하기보다는 나의 의지와는 상관없이 남들이 다 하는 것들을 수동적으로 하는 것을 말한다. 그리고 '20살로서의 삶'이라는 것은 대학교에 진학하여, 고등학교에서의 삶과는 다르게 나의 삶을 스스로 결정하는 것이다. 예를 들어, 내가 하고 싶은 동아리도 하고, 내가 듣고 싶은 강좌를 신청해서 수강하는 것과 같이 나의 의지대로 능동적인 삶을 사는 것이다. 하지만 '20살로서의 삶'이라고 해서 하고 싶은 것만 해서는 안된다. 내가 하고 싶은 것을 할 때에는 그에 따른 책임을 지고, 나의 미래까지 생각해야 한다.

현재의 나는 '$\frac{20}{20}=1$'과 같은 삶을 살고 있지 않다. 즉, 나는 지금 '19살로서의 삶'과 유사한 삶을 살고 있다는 것이다. 비록 수업에 있어서 출석을 잘하고, 과제도 제때에 꼬박꼬박하고, 하고 싶은 동아리활동도 하고 있지만, 이에 대해서 완벽하게 책임을 진다거나 나의 먼 미래에 대해서는 생각을 구체적으로 하지 않고 살아가고 있기 때문이다. 그래서 나를 나타내는 수식은 아직까지는 '$\frac{19}{20}\neq 1$'이라고 할 수 있다.

등호(=)로 생각하기

우선 '다르다'라는 말과 '틀리다'라는 말의 차이를 인식해야한다. '다르다'는 것은 같지 않은 것이고 '틀리다'는 것은 그르거나 어긋난 것이다. 나는 상대방과 내가 다를 뿐인데 내 고집대로 밀어붙여

'나는 맞고 너는 틀리다'고 치부해버렸던 것이다.

$$8 = 1 + 3 + 4 = 2^3 = \sqrt{64} = \cdots$$

위 수식은 모두 같은 수 8을 의미한다. 하지만 표현방식에 있어서는 예로 제시한 것 이외에도 훨씬 더 많은 방법이 있을 수 있다. 여기서 '등호'가 바로 다름을 연결해주는 연결고리가 되어서 내 좌우명을 대표하는 수학적 기호로 삼고 싶다. 즉, 나와 상대방은 표현방식의 차이를 인정하자는 것이다. 또한 등호는 '8'이라고 직설적으로 외쳐서 상대방에게 상처를 주기보다 때로는 '1+3+4'라고 말을 순화하거나 우회적으로 말하자는 나의 좌우명을 잘 내포하고 있다.

6/8과 3/4는 다르다

일반적인 수학 상식으로 생각했을 때 6/8을 약분하면 3/4이 된다. 면적이나 수량 등에서도 이 두 분수는 같은 수치를 나타낸다. 하지만, 음악에서는 6/8과 3/4이 전혀 다른 의미를 지닌다. 6/8박자는 2박자, 혹은 6박자 계통으로 '강 약 약 중강 약 약'의 리듬을 가진다. 그러나 3/4박자는 3박자 계통으로 '강 약 약'의 리듬을 가진다. 실제로 음악을 들어보면 그 차이가 더욱 명확한데 이는 같은 길이를 어떤 기준으로 나눌지에 대한 문제에서 비롯된다. 이러한 개념을 통해 내 좌우명을 정리하자면, '비슷한듯하지만, 나만의 색깔을 내며 살겠다.' 이다. 즉, 억지로 튀려고 시도하거나, 일부러 특이한 것만을 추구하는 것이 아니라 자연스럽게 나만의 모습을 만들어 나가겠다는 것이다.

0과 1, 그리고 자연수 1

이렇게 생각해보면 0과 1은 각각 엄마와 딸을 나타내는 것 같다. 0은 수직선 정중앙에 위치해 마치 버스 종착점 같은 역할을 한다. 0의 위치에서 새롭게 출발을 하기도 하고, 끝맺기도 한다. 힘들 때면 언제든지 돌아와 쉴 수 있는 편안한 쉼터가 되어 주는 것이다. 지금 타지에서 대학 생활을 하고 있는 내게 엄마는 0 같은 존재이다. 힘들고 지칠 때면 돌아와 휴식을 취하고 새로운 출발을 할 수 있게 도와준다. 반면에 나는 1과 같은 존재이다. 1은 0을 제외한 모든 정수가 약수로 기본적으로 가지고 있는 요소로, 어느 누구라도 자식으로서 부모에 대한 마음을 가지고 있는 것과 같다. 나는 자식으로서 타지 생활을 하여 몸은 비록 엄마와 떨어져 있지만 마음만은 항상 함께 있다. 하지만 엄마와 딸 사이는 세상에서 가장 가깝지만 가끔씩은 어느 순간 멀게 느껴질 때가 있다. 0과 1도 수직선상의 거리는 가까운 것 같지만 무리수를 하나하나 생각하며 따져 보면 꽤나, 아니 무한히 멀게 느껴진다. 하지만 엄마의 영원한 동반자이자 가장 친한 친구인 딸로서 가장 가까운 존재가 되기 위해서는 유리수도 아니고, 경쟁자 '-1'이 있는 정수도 아닌, 자연수로서의 1이 되어야겠다는 생각이 든다.

2인자의 삶

이 세상에서 나만 가질 수 있는 나만의 고유번호인 주민등록번호

뒷자리를 연산기호를 넣어서 표현해 보니 내가 좋아하는 숫자 2를 만들 수 있었다. 내가 숫자 2를 좋아하는 이유는 바로 1인자가 아닌 2인자의 삶을 원하기 때문이다.

다른 사람들이 이 말을 듣는다면 자칫 패배자의 말처럼 들릴 수 있을 것 같고 일등만을 기억하고 존중해주는 이 세상에서 2인자라니 정신이 나간 건 아닌가 하는 생각도 들 것이다. 그러나 나의 생각은 다르다. 짧다면 짧다고 할 수 있지만 그 동안의 삶을 살면서 아름다운 세상을 느끼기보다는 불합리하고 각박하며 정의롭지 못한 세상을 더 느낀 것 같다.

세상이 이렇게 각박하고 눈물나게 냉정한 사회가 되는 이유는 너도나도 일인자가 되기 위해 너무나 치열하게 살기 때문이 아닌가 하는 생각이 든다.

물론 선의의 경쟁은 서로의 발전을 위해서 매우 중요하며 사회의 발전을 위해서는 꼭 필요한 사항이다. 하지만 현재 우리사회에서는 경쟁이 도를 넘고 있는 것 같다.

경쟁이 경쟁을 부추기고 너도나도 일인자가 되기 위해 아우성이다. 하지만 모두가 다 일인자가 될 수는 없기에 실망하고 절망한다. 일인자가 되지 못한 자들에겐 비난이 가해지고 그들은 그러한 비난을 받지 않기 위해 수단과 방법을 가리지 않고 일인자가 되기 위해 노력하거나 그렇지 않으면 자포자기의 심정으로 사회의 해가 되는 삶을 살기도 한다.

사회의 모든 구성원이 모두 다 일인자가 될 수는 없다. 경쟁의 사회에서 일등이 있으면 이등, 삼등, 그리고 꼴등이 있는 것은 당연한 결과이다. 그렇다고 사회 구성원인 우리가 경쟁을 피해 살 수는 없으므로 자연히 순위가 나눠지게 되는 것이다.

모두가 일인자가 되기 위해 아등바등 노심초사 할 때 잠시 뒤로 물러나 숨을 고르고 여유를 갖는 이인자의 마음을 가져보는 것은 어떨까? 내가 주인공인 것도 좋지만 한번쯤은 다른 이가 주인공이 되는 것을 옆에서 도와주고 보람을 느끼는 것도 좋지 않을까?

화려하진 않지만 누군가에게 꼭 필요한 존재가 되는 조금 더 여유로운 삶, 그것이 바로 내가 꿈꾸는 2인자의 삶이며, 교육자의 첫 발을 내딛는 나에게 가장 필요한 다짐이고 가장 어울리는 좌우명일 것이다.

수학으로 나타낸 인생관(π)

원주율 파이는 소수점으로 정확히 나타내자면 끝이 없다. 이 파이는 작년까지의 내 삶과 많이 비슷했다. 파이의 소수점 아래의 마지막 숫자를 알 수 없는 것처럼, 사범대를 졸업한 나의 모습도 뚜렷한 goal(끝, 목표)이 없었다. 어떠한 목표가 정해져 있고 끝이 보인다면 남은 힘을 다해 그 목표를 향해 달려가겠지만, 나는 끝이 보이지 않는 싸움에서 언제 힘을 최대한 내야 할지 몰라 많이 방황하면서 자신감을 차츰 잃어갔다. 내 자신을 믿지 못하면서나는 더욱 무너져갔다.

파이를 처음 발견하고 연구한 수학자들도 마찬가지였을 것이라 생각한다. 파이의 정확한 값을 알기 위해 자신의 삶 전부를 포기하면서까지 계산을 계속 했지만 끝이 안 보이기 때문에 많이 좌절하고 고통을 느꼈을 것이라 추측된다. 물론 그들의 삶이 의미가 없는 것은 아니다. 결과가 명확한 인생만이 성공한 인생은 아니기 때문이다. 목표를 향해 계속 달려 나가는 것만으로도 가치 있다고 말할 수도 있다.

하지만 나는 결과가 명확한 인생을 추구한다. 아무리 파이의 값을 계속 연구해 소수점 아래 100만 자리까지 알아낸다 해도 그것은 근사 값이지 정확한 수치가 아니기 때문이다. 내가 노력하고 있는 일에서 도저히 끝이 보이지 않는다고 판단되면 즉시 그 자리에서 멈추고 다른 방법이 없는지, 아님 내가 지금 하고 있는 것을 포기하고 다른 길로 나아가는 것이 맞는지 결정할 것이다.

새로운 꿈을 갖고 다시 교대에 진학한 내가 가진 꿈의 크기를 원의 넓이에 비유해 식을 만들어 보았다. 풀어서 설명을 하자면 명확하게 내가 가진 가능성을 발견하는데 초점을 두고 이 가능성을 raise하고 꿈을 향한 race를 펼치고 싶다는 의미를 담고 있다.

원의 넓이 :	π	×	r	×	r
	↓		↓		↓
꿈의 넓이 :	가능성		raise		race

π와 같은 사람

'나'는 어떤 사람일까? 우유부단 한 사람, 말 많은 사람, 키 큰 사람, 안경 쓴 사람…. 그 중에서도 지금까지의 내 모습 중 가장 남다른 점이라면, '남다르고 싶어 하는' 사람인 것 같다. 언니와 나, 이렇게 둘인 우리 집에서 내가 초등학생일 때도, 중학생일 때도 항상 내가 가는 학교엔 언니의 흔적이 많았다. 선생님도 언니 담임선생님이었던 분, 동아리도 언니가 들었던 동아리…. 그래서 고등학생이 될 때 즈음, 나는 언니와 '다르고' 싶었다. 결국 학교는 언니와 같은 곳을 가게 됐지만, "언니가 '문과'라면, 나는 '이과'다!"하며, 망설임 없이 자연계열을 선택했다. 그렇게 나름대로 노력했지만, 결국 초, 중, 고, 대 모두 같은 학교를 다니게 된 나는, 아직도 남과 '다른' 사람이 되고 싶다. 그래서 수학적으로 나는 π와 같은 사람이 되고 싶다. π는 3.141592653589793238462643383279…이다. 앞의 정수 부분 3은 '나'라는 물리적 틀을 의미한다. 그리고 뒤의 1415926535…는 내 안의 내면적 '나'이다. 나는 끊임없이 이어진다. 멈추지 않고, 정의되지 않는다. 나는 매번 다른 생각을 하고, 그 생각에 이어 또 다른 생각을 한다. 하지만 절대 −3이나, −17같은 혹은 $\sqrt{5}$ 같은 뜬금없는 숫자는 나오지 않는다. 0에서 9까지, '나'라는 틀에 담길 수 있는 사고만이 내 속에 있다.

나는 유한한 수처럼 정해진 것이 되고 싶지 않다. 물론 궁극적으로는 π라는 값으로 정해져있지만, 다른 사람에게 쉽게 파악당하지 않는, 끊임없이 새로운 모습을 보여주는, 그리고 누구도 예측할 수 없어 누구와도 같지 않은, 그런 사람이 되고 싶다.

3=1, 5=1, 9=3

사람은 모두 똑같이 존엄한 존재지만 실제로 삶은 같지 않다. 누군가는 많은 재능을 가지고 있고, 그렇지 않은 경우도 있다. 누군가는 어마어마한 부를 누리고 살지만, 누군가는 하루 벌어먹고 살기가 힘든 경우도 있다. 이렇듯 똑같이 존엄성을 누릴 인간으로 태어났지만 서로 가진 것은 천차만별이다. 이로 인해 불평등이 생겨나고 이 불평등이 대립으로 치닫는 경우도 있다. 나는 이런 불평등한 세상이 가진 자의 베풂으로 점진적으로 평등으로 나아갔으면 좋겠다. 재능을 가진 사람은 그들의 재능을 베풀고, 돈을 가진 사람은 그들의 돈을 베푸는 것이다. 이런 베풂이 못 가진 사람들을 채워 넣어 평등한 상태로 함께 살아가는 것이다. 시소를 탈 때 너무 무거운 사람과 너무 가벼운 사람이 타면 시소가 무거운 사람 쪽으로 내려가 꿈쩍도 하지 않을 것이고, 더 이상 시소는 재미없을 것이다. 그러나 무거운 사람이 가벼운 사람에게 좀 더 다가가 가진 것을 베푼다면 자신은 가벼워지는 동시에 가벼운 사람은 베풂을 받고 무거워져 함께 재미있게 시소를 탈 수 있을 것이다.

나의 이러한 ‘노블리스 오블리제’적인 가치관을 간단한 연산으로 나타내 보았다. 1, 2, 3을 각각 주고받았을 때 서로 같아지는 수들을 찾아 식으로 나타내었더니 $3-1=1+1$, $5-2=1+2$, $9-3=3+3$이 되어 결과적으로 $3=1$, $5=1$. $9=3$이 되었다. 앞으로 나도 내가 가진 것들을 베푸는 삶을 살아갈 것이다.

이진법 수

나는 스스로를 0과 1로 이루어진 ‘이진법 수’라고 표현하고 싶다. 이진법의 체계는 ‘나’라는 사람과 나의 ‘Moto’를 동시에 보여주고 있기 때문이다.

우리가 일상생활에서 사용하는 수는 10진법 수다. 이는 0부터 9까지의 숫자들의 조합으로 표현된다. 조합할 수 있는 숫자의 종류가 10가지나 되므로 무수히 다양한 수를 만들 수 있다. 이에 비하면 2진법 수는 0과 1, 단 두 개의 수만을 사용한다. 그러므로 겉보기에 단순하고 10진법에 비해 수준이 낮은 진법처럼 여겨질 수도 있다. 하지만 그 단순한 조합 속에 복잡하고 다양한 10진법 수를 모두 담아낼 수 있다.

예를 들어, 31,460이란 10진법 수는 111101011100100_2로 바꿀 수 있다. 두 가지 숫자로 만든 수가 서로 다른 다섯 가지 숫자로 이루어진 수를 담고 있는 것이다. 즉, “단순한듯하지만 복잡하다.” 친구 중에 자기 자신을 ‘파이(π)’ 라고 표현한 사람이 있었다. 3.14…로 끝없이 이어지는 무한소수가 스스로도 잘 모르는 자신을 나타낸다는 것이 그 이유였다.

나에게는 2진법 수가 그와 비슷한 의미를 갖는다. 남들이 바라보는 나의 모습은 한정되어 있을 수 있다. 하지만 그 속에 나도 아직 잘 모르는 수많은 내가 있다. 겉만 보아선 쉽게 사람을 판단할 수 없고 단답형으로 정의될 수 있는 사람 또한 없다고 생각한다.

또 다른 측면에서 생각을 해보자. 컴퓨터의 성능은 갈수록 진보해가고 있다. 인간이 만들어낸 발명품이지만 인간은 할 수 없는 일들을 컴퓨터는 빠른 속도로 해내고 있다. 그런 컴퓨터도 2진법을 기초로 운영되고 있다. 위에서도 언급했듯이 2진법은 0과 1의 단순 조합이다. 하지만 그 두 숫자를 가지고도 자릿수, 배열만 조금씩 바꾸면 어떤 수든 표현해 낼 수 있다. 나는 이 작은 것에서 나오는 무궁

무진함을 인생의 Moto로 삼고자 한다.

나는 내가 가진 능력이 비록 부족하고 작은 것이라고 할지라도 그것을 아쉬워하여 능력이 많은 사람을 부러워하지 않을 것이다. 나는 2진법이 0과 1만으로 언뜻 보기에 작은 차이라고 느껴질 수 있는 것으로도 큰 차이를 만들어 내는 것처럼 내가 가진 능력 안에서 그것을 조금씩 잘 활용해서 최대한의 성과를 이루어 낼 줄 아는 사람이 되고자 한다.

0하게 살자!

내가 추구하는 삶을 수학적으로 표현하면 '0하게 사는 것'이다. 0, 영, young! 앞으로도 언제나 젊게, 도전적이고 열정적으로 매순간 최선을 다하는 삶을 살고 싶다는 뜻과 숫자 '0'처럼 살고 싶다는 뜻을 담았다.

먼저 어린 아이들에게 숫자를 가르치기 위한 간단한 이야기를 해볼까 한다. 옛날 어느 숫자마을에는 1부터 9까지의 숫자친구들이 살았다. 숫자마을은 평화롭고 행복했다. 단 하나, 숫자 1만 빼고 말이다. 다른 나머지의 숫자들은 주위에 친구들이 있어 외롭지 않았지만, 숫자 1은 친구도 없는데다 가장 작은 수라고 무시당하며 아무도 같이 놀아주지 않았다. 그러던 어느 날 숫자 1은 숫자 0을 만나게 된다. 이 둘은 힘을 합쳐 숫자 10이 되었고, 숫자 1은 더 이상 외롭지도 무시당하지도 않았다. 이 이야기에서처럼 1과 0이 합하여 10이 되듯 0은 다른 숫자에 덧붙어서 얼마든지 큰 수를 만들 수 있는 수다.

그러나 여기서 주목해야 할 것은, 0은 다른 숫자의 '뒤'에서 빛을 발한다는 것이다. 대부분의 사람들은 자신이 남들보다 돋보이고 자신의 이름이 앞서기를 원한다. 물론 나도 마찬가지다. 내가 높아지려는 욕심에 전체의 조화를 깨기도 했었다. 그러나 0은 다르다. 0이 1의 앞에 위치했다면 01, 결국 그냥 숫자 1이 되지만 1의 뒤에 올 때는 숫자 10이 된다. 0은 자신을 낮추고 다른 사람을 높여줄 줄 아는 겸손한 수다. 나 또한 그런 0과 같은 사람이 되고 싶다.

0을 읽는 방법에는 두 가지가 있다. '영'과 비었다(空, empty)는 뜻을 가진 '공'이 있습니다. 말장난 같지만, 나는 '공'을 축구공, 농구공 할 때의 '공(毬, ball)'으로 생각해 보았다. 공을 바닥에 가만히 두면 동그란 모양을 유지한 채 그 자리에 움직이지 않고 있다. 그러나 누군가가 이 공을 차거나, 던지거나, 누르면 어떻게 될까? 공은 힘이 가해진 대로 모양이 변하고, 속도와 운동방향을 지니게 될 것이다. 골대에 들어갈 수도 있고 홈런, 야구장 밖으로 날아갈 수도 있다. 이처럼 0(공)은 '가능성'이다. 나는 스스로가 학업, 인간관계, 인성 등 여러 방면에서 충분히 성장할 가능성이 있는 사람이라고 믿는다. 교수님의 강의, 선배나 동기 등 새로운 사람들과의 만남, 여행, 독서 등을 통하여 더욱 성숙한 사람이 되려고 노력할 것이다. 또한 나의 가능성을 믿는 만큼 다른 사람의 가능성도 인정할 줄 아는 사람이 되고 싶다. 그렇기 때문에 내 잣대로 타인을 함부로 평가하는 사람이 되지 않도록 노력할 것이다.

대구교육대학교에 입학 한 우리는 이제 단순한 대학생이 아닌 '예비교사'이다. 앞으로 교사가 되어 아이들을 만날 때, 혹여 어떤 아이는 0(공,空,empty)로 보일지도 모른다. 그러나 교사로서 우리는 모든 아이들을 공(空, empty)이 아닌 공(毬, ball)으로 볼 수 있었으면 좋겠다. 누군가의 '뒤'에서 그를 빛나게 하는 0(영)의 자세로, 아이들 각자의 공(毬, ball)이 마음껏 튀어오를 수 있도록 하는 멋진 선생님이 되었으면 좋겠다.

나의 0같은 점

0은 수학에서 조금 특별한 숫자다. 언뜻 보면 아무것도 없는 것이기 때문에 하찮게 느껴져 무시할 수 있지만 다른 숫자와 함께 있으면 엄청난 의미와 능력을 갖는다. 그렇다면 겉으로 보았을 때 한없이 평범한 내가 0처럼 특별한 재능이나 경험이 있었던가? 그리고 이를 어떻게 활용할 수 있을까?

몇 살 인지도 기억이 나지 않을 정도로 어렸을 때에, 나는 언니와 함께 놀고 있었다. 그 때 부모님께서 심각한 얼굴로 내게 다가와 이렇게 말씀하셨다. "혜윤아, 놀라지 말고 잘 들어. 너는 한 쪽 눈이 안 보이거든. 그런데 그렇다고 해서…" 여기까지 들었을 때 나는 살면서 처음으로 심장이 덜컥함을 느꼈다. 그 때를 회상하는 지금 이 순간에도 그 때의 기분이 다시 느껴진다. 그리고 나는 부모님께 "아 진짜요? 근데 나는 어차피 언니보다 오른쪽 눈이 좋으니까 상관없는 거 아니에요?"라고 말했다. 그랬더니 부모님께서는 그게 더 좋을 수도 있다며 내게 웃어주셨다. 그리고 나는 심장이 두근거렸지만 계속 언니와 재밌게 놀았던 기억이 난다.

그리고 나는 조금 더 큰 후, 아버지께서 나의 말을 어떻게 받아들이셨는지를 들을 수 있었다. 나의 말로 인해서 한 편으로는 다행스럽기도 했고 다른 한 편으로는 가슴이 찢어지는 것보다 더 아프셨다고 한다. 세월이 20년 가까이 지났지만 아버지는 나의 말을 정확히 기억하고 계셨다. 그 후로 나는 부모님과 함께 여러 병원을 다녔었는데 언니와 동생은 못 가는 서울을 여러 번 가봐서 마냥 기분이 설레고 좋았다.

내가 점점 자라서 학교를 가게 되었고, 내가 아무런 말을 하지 않아도 친구들은 내 눈에 초점이 없는 것을 보고 “너 사시야?”같은 질문들을 했고, 그 때 나는 어떻게 대답을 해야 할지 몰라서 당황했었다. 그리고 언젠가 친구 한 명에게 내 비밀을 털어놓았는데 반에 소문이 퍼졌던 적이 있다. 그래서 나는 학교를 다니면서 이런 작은 사건들과 소심했던 성격이 겹치면서 힘들었다.

지금도 나는 어렸을 때를 떠올려보면 그 때의 내가 참 대견하다. 세상 사람들 누구나 자기만의 아픔을 안고 살아간다. 그러나 초등학교도 들어가기 전에 그러한 아픔을 품어야 했던 것은 어린 나에게 그것은 너무나 가혹한 현실이었다. 과연 그때의 나는 아이였을까. 그때의 내가 떠올리던 생각은 지금의 나보다 더 성숙한지도 모르겠다.

내가 만약 어렸을 때의 나와 마주해서 이야기를 할 수 있다면, 나는 아무 말 없이 그냥 한 번 꼭 안아줄 것 같다. 그래서 너무 빨리 아픔을 알고, 부모님이나 형제에게는 털어놓을 수 없었던 그 마음을 다 이해한다는 듯이 머리도 한 번 쓰다듬어 줄 것 같다.

그렇게 힘들었던 때에, 나는 여러 주변 분들의 도움과 사랑으로 인해서 그 힘든 것들을 이겨낼 수 있었다. 사람들이 흔히 장애는 틀림이 아닌 다름이라고 하는데, 부모님과 언니, 그리고 동생은 나를 다름 자체로도 보지 않았다. 크고 나서 부모님께 들은 얘기는, 내가 어떤 행동을 할 때마다 마음이 아파서 나를 자꾸 받아준다면 내가 나약해질 것이라고 생각하셔서 오히려 나에게 조금 더 엄격하셨다고 한다. 또한 부모님께서는 시력검사를 하는 날이면 선생님께 편지를 써서 배려해 주셨다. 선생님들께서는 상담을 하면서 나의 고민들을 들어 주셨고, 그럴 때 내가 가지면 좋을 마음가짐들을 얘기해주셨다.

많은 분들의 사랑으로 인해서 나는 나만의 장점을 찾게 되었다. 항상 어떤 행동을 할 때 다른 사람의 입장에서 먼저 생각해 보는 습관이 생겼다. 또한, 내가 무엇을 조금만 해도 피곤해지고 집중할 수 없기 때문에 다른 사람들보다 더 열심히 하려고 노력한다. 조금 더 촉각과 미각, 청각 등 감각이 뛰어나고 섬세하다는 장점도 발견하였다.

나는 이러한 장점들을 인식하였고, 이제는 그 장점들을 나의 노력으로 더 드러나게 할 것이다. 그리고 앞으로는 내가 다른 사람들의 지지로 이런 내가 될 수 있었던 것을 기억하여 나 또한 다른 사람에게 도움을 줄 수 있는 사람이 되도록 할 것이다.

또, 중학생일 때 친구들과 함께 지하철을 탔는데 역무원이 나를 막은 적이 있었다. 내가 복지카드를 사용하였는데, 이 카드는 장애인이나 국가유공자만 사용할 수 있다는 것이 그 이유였다. 친구들이 다 보고 있는데 나보고 이 카드를 사용할 자격이 있는지 묻는 역무원을 보고 나는, 물론 부정한 사용이 있는지 확인하는 역무원의 역할이었겠지만, 이 사회가 장애인뿐만 아니라 저소득층, 다문화자녀 등 소외된 계층에 대한 복지는 점점 더 이루어지고 있지만 사회적인 인식은 형식적일 뿐 별로 개선되고 있지 않다는 것을 뼈저리게 느꼈다.

현실적으로, 나 한명으로는 세상이 바뀌기 매우 힘들다고 생각한다.

하지만 나는 초등교사로서, 아이들에게 여러 가지 교육들을 통해 소외계층을 대하는 관점과 세상을 어떻게 살아가야 하는지를 같이 이야기할 수 있으리라고 생각한다. 아이들이 그런 교육을 받고 자란다면 좀 더 사람들이 상처 받지 않고 서로 웃는 세상이 될 것이다.

0^0

0^0의 답은 무엇일까? 고등학교 때 배운 지수단원에서는 모든 수의 0제곱은 1이라는 것을 배웠다. '하지만 0을 0번 곱한다.' 라는 의미에서 생각해보면 답은 0일 것 같기도 하다.

이 문제에 대한 답을 1로 정해버리면 많은 어려운 문제를 좀 더 쉽게 해결할 수 있게 된다고 한다. 그래서 과거의 많은 위대한 수학자들도 이문제의 답을 1로 결정 내려버리는 실수를 저질러왔다.

이처럼 우리가 정답이 있어야한다고 생각하는 수학에서조차도 알 수 없는, 규정 할 수 없는 것들이 있다. 하물며 수학이라는 학문에서 최고 권위자라고 여겨지는 수학자들조차도 실수를 하는데 나는 살면서 얼마나 많은 실수를 저지르며 고정관념에 사로잡혀있고, 지금껏 배워온 것들, 위의 예처럼 '모든 수의 0제곱은 1이다' 와 같은 얕은 지식으로 모든 것을 판단하려 해왔을까 하는 생각을 하게 되었다.

0^0=? 이라는 질문을 되뇌며 살다 보면 지금보다는 열린 마음으로, 창의적 사고를 하면서 살아갈 수 있을 것 같다는 생각이 들어 이를 내 좌우명으로 삼고 있다.

. 1 1 1 1 1 1 1 …

나의 좌우명을 수학기호와 관련해서 나타내자면 다음과 같다.

. 1 1 1 1 1 1 1 …

인생이라는 길 위에 '1'이라는 많은 나무들이 서 있다. 그리고 나는 너무 작아서 '.'으로 보인다.

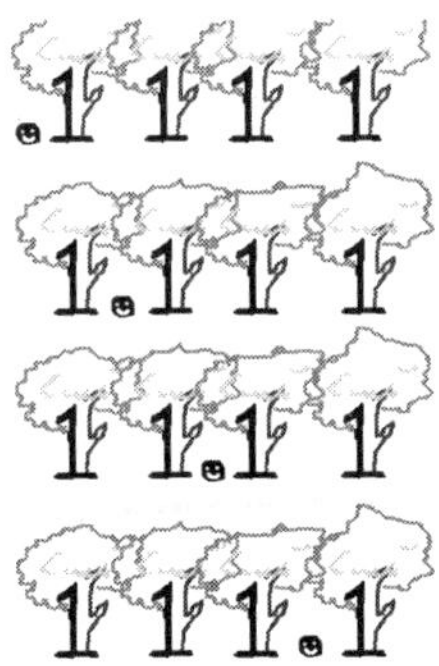

길을 따라서 걷다 보면

.1 1 1 1 1 1 1 … (0.111111…)

1. 1 1 1 1 1 1 … (1.11111…)

1 1. 1 1 1 1 1 … (11.1111…)

1 1 1. 1 1 1 1 … (111.111…)

위와 같이 숫자는 커지고 그만큼 내가 이루는 일도 많아질 것이다. 나는 내 길을 끝까지 걸어갈 것이고, 내가 원하는 일을 이뤄나갈 것이다.

2002 회문 숫자

내 좌우명은 수 2002로 표현 할 수 있다. 왜 2002를 좌우명으로 정했을까?

2002는 회문 숫자이다. 회문 숫자란 앞으로 읽으나 뒤로 읽으나 같은 숫자를 말하는데, 그 예로 2002외에도 121, 12321, 1234321 등이 있다. 이러한 회문 숫자의 특징은 내가 목표로 여기는 '진실한 사람', '과거를 돌아보고 미래를 설계하는 사람'을 잘 나타낸다. 회문 숫자의 앞으로 읽으나 뒤로 읽으나 같은 성질은 사람으로 생각하면 겉으로만 성실하고 배려하고 당당한 사람이 아니라 내면으로도 그러한 사람으로 생각 할 수 있다. 대학교 1학년을 보내온 나의 모습을 돌이켜 생각해보니 타인을 대할 때 겉으로는 배려하고, 양보하고, 당당하게(자신 있게) 행동했지만, 내면으로는 타인의 시선을 신경쓰고, 내 이익을 생각하는 그런 모습도 있었던 것 같다. 항상 마음으로는 진실한 사람이 되고자 노력하지만. 머리로는 현실적인, 실질적인 생각을 하게 된다. 앞으로 살면서 앞으로나 뒤로나 같은 회문 숫자와 같이, 겉과 속이 같은 사람이 되려고 좀 더 노력해야겠다.

회문 숫자의 성질을 또 다르게 해석할 수 있다. 대칭이 되는 축을 기준으로 앞부분을 과거로 뒷부분을 미래로 생각하면, 대칭축인 부분이 현재가 된다. 현재 내 삶에서 과거를 후회하고 미래를 180°로 완전 다르게 설계하는 것이 아니라, 과거를 반성하고 그 과거를 바탕으로 미래를 설계하는 것이 내가 지금까지 살아온 방식이다. 내가 지금까지 마음속에 품어 온 좌우명은 '반성은 하되, 후회는 하지 말자'이다. 이는 바로 지금을 가치있게 보내기 위해노력하고, 과거의 잘못은 후회를 하는 것이 아니라 반성을 통해 가치 있는 미래를 다짐하자는 의미이다. 회문 숫자 역시 앞과 뒤가 완전히 같거나 다른 것이 아니다. 대칭축을 기준으로 앞과 뒤가 순서만 바뀌어 있다. 내가 살아온 과거를 부정하고 새로운 미래를 추구하는 것은 현실적이지 않다. 과거를 반성하는 과정을 통해 배우고 느낀 것이 있어야 가치 있는 미래를 설계할 수 있다고 생각한다.

끝으로 왜 회문 숫자 중에서 굳이 2002를 골랐을까? 나를 포함한 우리나라의 국민들에게 있어서 2002년은 매우 의미가 큰 한 해였다. 그때의 함성과 열정, 그리고 국민들 간의 단결, 합동을 다시 느낄 수 있는 날이 또 왔으면 하는 바람으로 2002를 특별히 선택했다. 그리고 2002는 내가 살면서 처음으로 마주친, 아마 마지막이 될 회문 숫자의 해이기도 하다. 앞으로 의술이 발달해서 2112년까지 살 수 있다면 또 모르지만, 아마 어려울 것 같다.

나는, 31이다.

'사람을, 그리고 그의 인생을 과연 단 하나의 숫자로 표현할 수 있을까?'라는 의문이 들었다. 굳이 하나의 틀에 내 삶과 인생을 넣고 싶지 않은 약간의 반항심이 들기도 했으나 '나'라는 사람을 정의할 수 있는 재밌는 방식이라 생각하였고 고민 끝에 아래와 같이 표현하게 되었다.

나를 하나의 숫자로 표현하자면, 나는 31이다. 그 이유는 다음과 같다.

첫 번째, 나의 현재 만 나이는 31살이다.

두 번째, 31이란 숫자의 3과 1을 곱하면 3, 나는 3명의 형제자매가 있으며 3에서 1을 뺀 2, 내가 가장 존경하는 인물 2명은 바로 우리 부모님이시며 3과 1을 더하면 4, 나는 지금껏 총 4명의 남자와 진지한 연애를 했다.

세 번째, 나는 내가 가진 안정된 미래와 상황을 버리고 새로운 삶을 위한 꿈을 꾸고 이루기 위한 첫걸음을 내딛어 새로운 인생이 시작된 해가 실질 나이 31살이던 작년이었다.

네 번째, 그로 인해 나는 대학을 2번 다니게 되었다. 아이러니하게도 첫 번째 대학의 학번이 31번이었고 지금 두 번째 다니고 있는 대학은 13학번이다.

마지막으로 다섯 번째, 모두 베스킨라빈스 아이스크림을 알고 있고 좋아할 것이다. 그 맛있는 베스킨라빈스 아이스크림의 종류는 모두 31가지라 선택이 어려운 만큼 다양한 사람들의 취향을 만족시킬 수 있다. 내가 아이스크림은 아니지만 나는 내 안에 베스킨라빈스 31처럼 31가지에 가까운 다양한 삶의 경험과 성격, 매력을 가지고 있다고 생각하며 따라서 나라는 사람은 한가지로 정의할 수 없는 '다양한 색깔'을 가진 나라고 표현하고 싶다.

따라서 이러한 이유로 나는 31이다.

190000(십구만)

189996+4=190000

‘189996’이란 숫자는 끝이 0으로 딱 떨어지지 않고 복잡한 숫자라고 생각했기 때문에 아직 부족함이 많은 나를 나타낸다. 그래서 4년 동안 교대에서의 생활을 통해 열심히 경험과 지식을 쌓아서 나머지 부족한 4를 채워나갈 것이다. 졸업 후 초등교사가 되었을 때 ‘190000’처럼(190000을 그대로 읽으면 십구만(쉽구만)이다) 조금이라도 지금의 나보다 쉽게 아이들을 이해하고 초등교사로서 능력을 갖춘 사람이 되자는 나의 다짐을 표현한 것이다.

I(i)의 모든 것

I(i)는 알파벳의 아홉 번째 글자로 영어에서 인칭대명사의 1인칭 단수 주격을 가리킨다. 로마숫자로는 1을 나타내며, 원소기호로는 53번 원소인 요오드를 나타낸다. 철학에서는 특칭긍정판단을 나타내는 기호로 ‘자아’ 또는 ‘나’라는 뜻도 된다. 한편 수학에서는 imaginary의 앞 글자를 따, 제곱하여 ‘-1’이 되는 허수의 단위로 사용하기도 한다.

간단하게나마 ‘나’에 관한 이야기를 하자면, 나는 02년도에 대학에 입학을 하였다. 그리고 여차저차 사정으로 인해 08년도 봄에 졸업을 하고, 대학원에 진학하지만 친구 따라 강남 간다고 친구 따라 쓴 입사원서가 덜컥 붙어버리는 바람에 입사를 하게 되었다. 약 2년간의 직장생활을 하면서 그동안 몰랐던 나 자신에 대한 가망성, 혹은 가능성을 보고 느꼈다. 남들보다 오래 한 대학생활 동안 나는 나를 너무나도 모른 체하고 살아왔던 게 아닌가 하는 생각이 들었다. 내 가망성을 느끼지도 믿지도 못한 채, 그리고 내 삶의 목적이 무엇인지도 모른 채. 그렇게 시간은 흘러갔고, 마냥 늦었다고만 생각하면서 한해 한해 시간은 흘러갔다. 그러면서 나 자신의 삶에 대해 진지한 고민을 한 끝에, 9월에 수능 원서를 쓰고, 낮에는 회사에서 일을 하고, 밤에는 집으로 돌아와 수능 공부를 하였다. 내가 그동안 살아왔던 내 삶의 부분들을 보아왔을 때, 작년 2달여간 수능 공부를 했던 그 때가 가장 열정을 가지고 살았던 때가 아닌가 하는 생각을 한다. 비로소 나는 그때서야, 나 자신의 가망성을 완전히 믿기 시작한 것 같다. 내가 지금 이 자리에 있기까지, 그 누구보다도 둘러서 왔다고 생각할 수도 있겠으나, 나는 나 자신 속에 잠재되어 있는 무한한 가망성 혹은 가능성을 볼 수 있었고, 믿을 수 있었다.

$$i=\infty$$

나는 무한한 가능성을 가지고 있다. 내 자신 속에 잠재되어 있는 무한한 가능성을 믿고, 항상 노력하며 사는 내가 되도록 하자는 의미에서 만들어낸 수식이다. 우리가 아는 허수 $i=\sqrt{-1}$ 이 수학적으로 옳은 수식이나, 나에게 있어 i란 존재는 ∞이라는 또 다른 의미를 부여해 주고 싶다.

2와 $\sqrt{2}$

2와 $\sqrt{2}$의 차이점은 무엇일까. 수학과 삶을 연결시켰을 때 2와 $\sqrt{2}$ 중에 어느 것이 인생에 더 가까울까? 먼저 수학적으로 2와 $\sqrt{2}$의 수학적 차이점에 대하여 생각해 보자.

먼저, 2와 $\sqrt{2}$의 대소를 비교 해보자. $2 > \sqrt{2}$이다. $\sqrt{2}$는 1.4142135623730951… 이기 때문이다.

좀 더 넓은 관점에서 보면, 2는 유리수이고 $\sqrt{2}$는 무리수이다. 유리수는 두 정수 a와 $b(b \neq 0)$를 비 a/b(분수)의 꼴로 나타낼 수 있는 수로, 실수 중에서 정수와 분수를 모두 포함하는 것을 의미한다. 반면 무리수는 실수 중에서 유리수가 아닌 수. 즉, 두 정수 a, b의 비인 꼴 $a/b(b \neq 0)$로 나타낼 수 없는 수이다. 유리수는 유한소수 또는 순환소수이고 무리수는 순환하지 않는 무한소수이다.

이제 2와 $\sqrt{2}$를 삶과 연결시켜 보자. 먼저 두 수를 대소 비교 한 것과 삶을 연결지어보자. 삶에서 크기가 의미가 있을까. 2가 $\sqrt{2}$보다 크다고 해서 2라는 삶이 $\sqrt{2}$의 삶보다 더 가치 있고 더 의미 있는 삶이라고 할 수 있을까. 크기는 의미가 없다. 2가 $\sqrt{2}$보다 크다고 해서 더 많이 쓰이는 것은 아니다. 또한 실생활에 더 중요한 수라고 할 수도 없다. 2는 2대로, $\sqrt{2}$는 $\sqrt{2}$대로 각자 가치와 의미가 있고 가치와 의미는 대소 비교가 될 수 없다.

다음으로 유리수와 무리수의 관점으로 2와 $\sqrt{2}$를 생각해보자. $\sqrt{2}$는 무리수이다.

무리수의 특징을 살펴보면

① 끊임없이 숫자가 이어진다.
② 다음 수를 예측하기 힘들다.
③ 딱 떨어지지 않는다.
④ 규칙이 없다.
⑤ 끝을 알 수 없다.

대략 이 5가지로 정리된다. 유리수는 무리수와 상반되는 특징들을 가지고 있다. 2와 $\sqrt{2}$, 즉 유리수와 무리수 중에 어느 것이 인생에 더 가까울까? 위의 무리수의 특징들을 살펴보면 그 답을 알 수 있다.

인생은 $\sqrt{2}$처럼 끊임없이 숫자가 이어진다고 볼 수 있다. 연속적으로 나오는 숫자들이 매순간의 삶, 과정, 결과 혹은 결실을 나타낸다고 생각한다. 인생에서는 다음에 어떤 일이 생길 지 예측할 수 없다. 항상 원하는 대로 자신의 삶을 살아갈 수도 없다. 또한 삶은 2처럼 정확하게 딱 떨어지지도 않으며 규칙이 없다. 인생의 끝은 자기 자신도, 그 누구도 알 수가 없다.

사람들은 누구나 다 자신이 원하는 대로 살고 싶어한다. 정확하게 딱 맞아떨어지며 예측할 수 있는 2와 같은 삶을 원한다. 그러나 위와 같이 실제로는 $\sqrt{2}$와 같은 무리수에 가깝다. 하지만 그렇다고 해서 $\sqrt{2}$를 부정적으로만 생각할 것은 아니다. 실제로 조금만 관심을 가지고 찾아본다면 무리수가 우리가 살아가는 데에 얼마나 많이 쓰이고 있으며, 얼마나 중요한 지 알 수 있다. 즉, $\sqrt{2}$는 무리수로서 그 자체로도 큰 의미가 있다는 것이다.

$\sqrt{2}=1.4142135623730951\cdots$ 다음에 이어질 수로 내가 원하는

숫자를 얻을 수도 있고 얻지 못 할 수도 있다. 즉 성공할 수도 있고 실패할 수도 있는 것이다. 삶은 예측하기 힘들다. 그렇지만 인생이란 성공과 실패의 모든 과정을 다 포함해서 그 자체로 의미가 있다.

나의 좌우명은 'Slow & Steady wins the race'이다. 삶은 예측할 수 없이 끊임없이 이어지는 $\sqrt{2}$와 같은 무리수이다. 매 순간의 기록이지만 그 기록에는 성공과 실패가 모두 있다. 규칙이 없어도 끝도 없이 이어지는 무한한 숫자의 연속인 무리수처럼 성공과 실패에 연연하지 않고 매순간 최선을 다하여 꾸준히 가다보면 결국에는 좋은 결과가 있을 것이라고 생각한다.

나는 지금 끝없이 이어지는 $\sqrt{2}$에서 1.4142135623730951까지 왔다. 이 뒤에 무슨 수가 나올지 나는 정확하게 알 수 없다. 나 자신의 인생의 끝도 알 수 없다. 그러나 나는 나의 좌우명을 항상 새기면서 매순간 최선을 다 할 것이다.

0→1

내 인생에서 지금 펼친 챕터는 장차 이전과는 달리 새로운 전개가 펼쳐질 열린 챕터다. 이것을 숫자 0으로 표현해 보았다.

이 자리에 오기까지 나는 두 번의 사회생활과 세 번의 구직·수험 활동 시기를 거쳤다. 그 시간들의 사이에 사회 어디에도 속하지 못한 '노바디'의 상태에 머물러 있을 때, 나는 사람에게 있어 직업이란 곧 사회 속에서의 자신의 정체성을 뜻한다는 것을 뼛속 깊이 깨달았다. 그리고 이전의 직장에서 초등학교 교사가 되겠다는 결심을 하고 퇴사한 순간 내 사회적 존재감은 0으로 수렴하였다.

나에게 있어 0은 불안과 동시에 설렘의 상태를 나타내고, 형태면에서는 알 모양과도 같아서 알을 깨고 나오기 전의 준비 단계를 의미하기도 한다. 또한 0은 새로운 자양분을 받아들이고 채움에 앞서 비움의 과정을 거치는 것을 뜻하기도 한다. 그렇게 0이 된 나는 다시 이 곳 대구교육대학교에서 사회에서 존재성과 의미를 갖는 1로 차츰 자라나기를 희망한다. 그리고 미래에 교사가 되었을 때, 어떤 수가 곱해지더라도 그 수를 그대로를 내뱉는 1처럼 학생 개개인의 개성을 존중하며 모두를 포용할 수 있는 숫자 1과 같은 선생님이 되고 싶다. 그래서 내 삶의 좌우명은 0→1이다.

21!

나의 삶은 21!으로 표현할 수 있다. 21!=1×2×3×4× ··· ×21= 5.1090422E+19이다. '나'라는 존재는 1살 때의 태어남, 2살 때 느낀 부모님의 손길 등 21살까지의 나까지 오는 동안의 많은 부모님의 손길과 주위의 도움과 나만의 경험의 결합체이다. 지금까지의 삶은 분명히 -(부정적)의 경험도 있었고 +(긍정적)의 경험도 있었을 것이다. 하지만 내가 ×라는 수식어를 통해 모든 삶의 경험을 곱한 이유는 그러한 -, +의 경험들이 단 하나의 곱셈 수식어를 통해 정리할 수 있다고 생각했기 때문이다. 어떠한 경험이든 지금의 21살의 나에게는 분명히 도움이 되었고 지금의 나가 되기 위한 밑거름이 되었을 것이다. 그리고 숫자의 값은 5.1090422E+19라는 어마어마하게 큰 숫자인데 이는 나 자신만의 자존감을 나타낸다. E라는 우리가 만들어낸 수학기호처럼 나 자신을 측정하는 수는 나만이 정할 수 있음을 의미한다. 그리고 결과값의 +19는 특히 19살 때의 재수하기 전의 고등학교 3학년 때의 시절이 특히 나만의 신념을 만들기 위해 +(긍정적)의 요소로 작용했기에 더욱 강조된다.

1 〉 무한대(∞)

수학적으로 1과 무한대의 크기는 비교할 가치도 없다. 하지만 나의 가치관을 투영해 철학적으로 생각해 보면 1이 무한대보다 크다. 1은 자기 자신, 즉 주체적인 존재로의 '나'를 의미하고 무한대는 타인이 이야기하는 '나'에 대한 무수한 이야기들을 의미한다. 나에게 하는 조언, 나의 행실에 대한 평가 등 다른 사람들이 말하는 나와 관련된 이야기는 무수하다. 하지만 내 삶의 주체는 '나'이기 때문에 결국 나의 판단에 따라 행동해야한다고 생각한다. 다른 사람들이 하는 이야기가 나의 판단에 영향을 미칠 수는 있지만 그것이 나를 잡아먹어서 나의 생각을 거치지 않고 주체적이지 못한 판단을 계속해서 한다면 그것은 진정한 내 삶이 아니라고 생각한다. 그렇게 했을 때 혹여 긍정적이지 못한 결과가 나온다면 누구를 탓할 것인가? 나의 행동으로 인한 결과의 책임은 나에게 있다. 잘해도 나 자신을 칭찬해야하고, 못해도 자신의 채찍질해야한다. 따라서 내 작은 생각, 내 작은 판단이 다른 사람들이 하는 어떠한 무수한 이야기보다 비중이 크기 때문에 1 > 무한대(∞)이다.

0수래 0수거

‘0’은 어떤 수를 곱해도 0이다. 본질을 변하지 않는다는 뜻이다. 하지만 ‘0’에 어떤 수를 더하거나 빼면 ‘0’은 다른 무언가로 바뀐다. 근본적인 나는 ‘0’이다. 이런 나를 ‘0’이 아닌 다른 무엇으로 바뀌게 하는 요소는 나의 가족, 친구, 선생님 등 셀 수 없을 정도로 많다. ‘공수래 공수거(空手來 空手去)’라는 말처럼 나는 ‘0’으로 났으니, ‘0’으로 돌아가야 한다. 본래 ‘0’이었던 나에게 가족, 친구, 선생님 등 다른 이들이 나에게 사랑과 관심을 베풀어 주면 난 더 이상 ‘0’이 아닌 1, 2, 3, 또는 그 이상이 된다. 하지만 이렇게 다른 사람들에게 받은 선의를 내가 하나 둘씩 베풀면 다시 하나 둘씩 줄어들어 0으로 수렴할 수 있다. 0을 최고점으로 여겨 주변 사람들에게 많이 사랑받고 또 이들을 사랑하는 삶을 살고 싶다.

모든 노력을 수포로 만드는 0과 같은 실수는 하지 말자

어떤 수라도 그 수에 0을 곱하면 무조건 0이 된다. 아무리 큰 수를 만들어 놓아도 0만 곱하면 결과는 0이 되는 것이다. 이렇듯 어떤 일을 할 때 그 일을 한순간에 수포로 만들어 버리는 실수가 있기 마련인데 그러한 실수를 하지 않도록 언제나 조심하고 주의해야 한다.

명예나 지위에서도 마찬가지지만 강조하고 싶은 부분은 사람과 사람과의 관계에서 가장 중요하다고 생각하는 ‘신뢰’ 말이다. 쌓기는 어렵지만 무너지는 것은 한순간이라는 말이 있듯이 오랜 시간과 노력을 기울여서 신뢰를 쌓아도 한번 잘못하거나 실망스러운 부분을 보여주면 와르르 무너지기 십상이다. 마치 도미노같이 말이다. 이렇게 이전의 모든 노력을 수포로 만드는 0 같은 실수는 하지 말자는 것이 나의 좌우명이다.

0

나의 좌우명은 0과 같다. 그 이유는 양수와 음수의 중심인 0처럼 학생들을 가르칠 때 어느 학생 한쪽에 기울지 않고 싶기 때문이다. 또한 사칙연산과 관련시키면 0에 어떤 숫자를 곱하든 0인 것처럼 어떤 학생이 다른 학생의 험담을 해도 그 말에 휘둘리지 않고, 그 학생을 직접 보고 판단을 하고 싶다. 그리고 0은 아무것도 없다는 의미인 것처럼 학생의 가정환경, 성적 등 환경 때문에 편견을 가지지 않을 것이다. 그리고 0이 좌표평면에 중심을 잡아 주는 것처럼 학생들이 올바른 환경에서 공부를 할 수 있게 반 전체에 중심을 잡아주는 역할을 선생님이 꼭 해야 된다고 생각한다. 함수와 연관시키면 $y=ax^2$은 a가 어떤 숫자이든 상관없이 x에 0을 넣으면 답은 0이 된다. 이는 선생님이 되어서 연차가 쌓일수록 변하지 말고 초심을 유지하자는 태도로 해석할 수 있다. 0이라는 숫자를 통하여 우리가 아무 생각 없이 넘어 갈 수 있는 하나의 숫자로도 반성을 하고 더 나은 내가 되도록 고민하는 시간을 가질 수 있다는 것을 깨달았다.

$1^0, 1^1, 1^2, 1^3, 1^4 = 1$

$1^0, 1^1, 1^2, 1^3, 1^4$이 모든 것의 값은 1이다. 밑수에 해당하는 1은 사람마다 고유한 본성, 또는 하나의 전인적 인격체로서 1이다. 그리고 지수에 해당하는 0, 1, 2, 3, 4, …은 남에게 보이고자 하는 다양한 모습들이지만, 나는 겉모양에 치우쳐 사람을 판단하는 것이 아니라 그 고유성에 바탕을 두고 사람을 대하고 교류해 나가는 것은 물론 나아가 나 자신도 나의 본질적인 것을 추구함은 물론 고매한 인격의 나만의 나다움을 만들어 나가는 주체자가 되고 싶다.

미지수 x

나를 숫자로 정의하기 전에 나 자신을 정확히 알 필요가 있다. 일단 성격은 내성적이기도 하면서 특정 문제에 관해선 적극적이다. 차분할 때가 있는가 하면 덜렁대서 물건을 잘 잃어버리기도 한다. 또한 쉽게 흥분하고 놀라면서도 때론 차갑게 냉정하고 침착하다. 그래서 한 마디로 나를 정의하기가 매우 어렵다. 그 때 당시의 상황이나 자극에 따라서 행동이나 대응방식이 달라지기 때문이다. 그래서 이런 모습이 고유한 상수라기보다는 **방정식이나 부등식의 미지수 x**와 가깝다는 생각이 든다. 특정한 식에 따라 해가 결정되는 것처럼 특정한 상황에 따라 내 모습이 정해진다는 점이 비슷하다.

나는 어떤 사안에 관해서는 상황이 아무리 바뀐다 해도 확고부동한 자세를 취한다. 특정 문제에 대한 나 자신의 가치판단이 확실하면, 어떤 변수가 생기더라도 항상 똑같은 태도를 취하는 것이다. 이것은 일차방정식의 해와 같다. 일차방정식에 어떤 상수를 더하거나 빼거나 곱하거나 영이 아닌 수로 나누더라도 항상 해는 한가지로 일정한 것처럼 말이다.

하지만 여러 가치가 충돌하거나 복잡하게 얽혀있을 때는 몇 가지 다른 행동을 보일 수 있다. 다시 말해 하나의 고정된 행동을 보이는 것이 아니라 약간의 변동이 있을 때가 있다. 이것은 고차방정식에 비유할 수 있다. 일차 방정식에서는 해가 1개지만, 2차, 3차, 4차… 이렇게 차수가 늘어나면 해가 2개, 3개, 4개… 점점 많아진다. 이렇게 특정 상황에서 취할 행동이 한 개가 아니라 여러 개일 수도 있는 것처럼, 해도 방정식의 특성에 따라 여러 개가 있을 수 있는 것이 유사하다.

또, 어떤 경우에는 무수히 다양한 예측불허의 행동을 보인다. 어떤 행동을 해도 괜찮은 허용적 상황에 있을 경우엔 말이다. 이것은 해가 무수히 많은 항등식과 같다. 항등식에서는 모든 해를 대입해도 성립되는 것처럼 당시의 기분이나 느낌에 따라 하고 싶은 대로 해도 된다는 면에서 비슷하다.

하지만 항상 아무렇게나 행동할 수 있는 것은 아니다. 상황의 특성에 따라서 적절히 행동의 제약을 받는 경우도 있기 때문이다. 이런 경우 내 행동의 허용 범위가 정해져 있다고 볼 수 있다. 이것은 부등식의 x와 비슷하다. 부등식의 해는 특정 범위 내에 존재한다. 그 범위 내에서는 타당하지만 범위를 벗어나면 맞지 않게 된다.

이처럼 상황에 따른 내 태도나 모습을 식에서의 미지수 x와 비슷하다고 할 수 있다. 그런데 식에 따라 미지수 x가 정해지는 것을 다른 측면에서 바라보면, 식은 x를 구하기 위해 세운다고 할 수 있다. 마찬가지로 상황에 따라 내 태도가 결정되는 것도 거꾸로 내 행동을 유도하기 위해 상황을 설정해 볼 수도 있다. 내 가치관이나 성격을 알아내기 위해 적절한 상황을 가상적으로 생각해 볼 수 있는 것이다. 그래서 상황에 따른 내 모습을 보고 나를 더 정확히 알아 갈 수 있을 것이다.

0.1134=hello

$$0+(-2)+10+5+1\cdots=0.1134$$

나를 수학적으로 표현한다면 $0+(-2)+10+5+1\cdots=0.1134$로 나타낼 수 있다.

0, -2, 10 등의 숫자들은 내가 인생을 살아오면서 내 스스로에게 매긴 숫자이다. 0은 고등학교 때까지의 내 삶으로 그냥 공부를 열심히 하는 학생이었기 때문에 숫자 0이라고 표현하였다. -2는 원하는 대학에 가지 못하고 다른 대학에 가서 느낀 감정에 대한 점수이다. 신입생이었지만 학교를 가서 느끼는 만족도가 떨어졌기 때문에 -2점을 주었다. 10점은 다시 재수를 해서 대구교대에 입학 했을 때에 느낀 감정을 점수로 나타낸 것이다. 대학교를 다니면서 실습을 나가고 수업을 들으며 중간 중간 교사라는 직업에 대한 의문감과 여러 가지 생각들이 교차하면서, 과연 내가 제대로 된 길을 가고 있는가 하는 의문이 들 때도 있었다. 그래서 교대를 다니면서 내 감정에 대한

점수는 5점이 되었다. 올해는 임용시험을 앞두고 있기에, 올해 어떻게 하느냐에 따라서 내 점수는 음수가 될 수도 있고 양수가 될 수도 있다. 지금은 임용에 대한 감을 잡아가는 시기로서 앞으로의 내가 어떻게 될 지 알 수 없기에 출발선에 서 있다는 의미에서 1이라는 점수를 주었다. …은 앞으로도 내가 겪고 느낄 경험들이 아직 수 없이 많음을 보여주는 것이다. 앞으로의 인생에서 좋은 점수를 받을 일도 있을 것이고 그렇지 못한 일도 있을 것이다. 어떻게 될지 모르기에 …으로 처리하였다. 마지막에 적힌 숫자는 인생의 종착점을 나타낸다. 0.1134. 이 숫자를 계산기에 입력하고, 180도 회전을 시키면 hello라는 글자가 보이게 된다. 즉 내가 인생을 마칠 때 지나간 날들을 회상하면서 '안녕'하게 살아 왔는지를 되돌아보는 의미인 것이다. 내가 어떻게 살아가느냐에 따라서 저 숫자는 의미 없는 0.1134가 될 수도 있고, 180도 의미가 바뀐 hello가 될 수도 있을 것이다. 따라서 나는 내 인생의 마지막에서 '안녕'이라는 평안하고 만족한 감정을 느낄 수 있도록 살아가야 할 것이다.

0 or 100

내가 할 수 있는 모든 능력을 동원할 때를 100, 그 반대는 0이라고 생각하였다. '모 아니면 도'라는 말이 있듯이 기왕 할 것이면 최선을 다하고 대충할 것이면 하지 않겠다는 것이 나의 좌우명이기 때문에 수학적으로 0 or 100이라고 표현해 보았다.

0 to 100

내 좌우명은 0 to 100이다. 항상 무슨 일을 시작할 때, 작게 보면 하루하루를 시작할 때 나 자신을 0으로 생각하고 노력해서 하나씩 채워 100까지 채워나가고자 하기 때문이다. 무언가를 이루려고 할 때 초심을 잃지 않고 끝까지 채워나가고 싶어서 이렇게 정했다.

1=2

'1=2', 여기서 1은 '나'이고, 2는 '타인'이다. 1은 유일함이라는 뜻을 담고 있는 숫자이다. '나'는 이 세상에 유일무이한 소중한 존재이다. '나'에 대한 자각으로부터 '나'를 1이라고 두었다.

2는 1의 단일함으로부터 발전해서 다양함과 공존의 의미를 가지는 숫자이다. '나'와 내가 아닌 또 다른 '타인'을 인정한다는 뜻으로 '타인'을 2로 두었다. '='는 같다, 즉 '동등하다'라는 의미로 보았다.

내 좌우명인 '1=2'에는 '나를 유일무이한 소중한 존재로 자각하는 것처럼, 타인을 나와 같은 존중받아야할 동등한 인격체로써 인정하고, 타인과 공존해 갈 수 있는 사람이 되자' 라는 뜻이 담겨 있다.

1

1은 가장 단순한 숫자이고 평범해 보이는 숫자다. 하지만 역설적이게도 1이라는 숫자는 가장 특별한 존재이기도 하다. 나는 1을 사람들의 각각의 자아라고 생각한다. 자기 자신인 1은 세상에서 유일한 하나이다. 어느 누구도 똑같은 사람은 없고 서로 각각의 정체성을 유지하며 살아간다.

하지만 주변 환경으로 인해서 자기 자신을 잃어가는 사람들이 많다. 누군가 혹은 주변에서 나를 혼란스럽게 방해해도 하나의 자아를 유지하며 나 자신이 되어야 한다. 내가 있는 지금 세상인 10진법에서 1이라는 값을 유지하듯이 다른 2진법이나 3진법의 세상에 가게 되더라도 1이라는 내 정체성을 유지할 것이다.

$$1_{(10)} = 1_{(2)} = 1_{(3)} = \dots$$

심지어 내가 죽어서 1의 0승이 된다고 하더라도 내가 살았던 인생은 유일한 하나이기 때문에 영원히 1인 하나 뿐인 사람으로 기억될 것입니다. (1의 0승, 곧 $1^0=1$.)

내 열정은 ∞이다.

이를 좌우명으로 정한 것은 ∞ 라는 이 수학 기호 하나로도 나 자신에 대해서 다 설명할 수 있기 때문이다. 삶을 살아가면서 언제나 열정만은 제한되지 않고 무한대로 가지고 있어야 한다고 생각한다. 그래야 무엇을 하던지 새로운 것에 도전할 수 있고 발전을 가져다준다고 생각하기 때문이다.

$$\mathbf{1}m < \mathbf{1}m^2$$

이 수식은 '생을 마감할 무렵에, 내 생에 주어진 길이만큼 살았다는 사실을 인정하고 싶지 않다. 나에게 허용된 넓이만큼 살았기를 나는 바란다.' 라는 좌우명을 표현한 것이다.

주어진 길이만큼 살았다는 표현은 마치 정해진 경로로 앞으로 나아가거나 뒤로 퇴보한다는 말로 느껴진다. 하지만 나는 나의 길을 개척하기도 하고 나의 행동반경을 넓히기도, 좁히기도 하면서 살았다는 평가를 받고 싶다. 따라서 길이를 나타내는 단위인 m보다 넓이를 나타내는 m^2가 더욱 가치로운 평가라고 생각하여 위와 같이 표현을 하였다.

$$\mathbf{x} = \log_a b$$

로그의 정의에 따르면 $a > 0$, $a \neq 1$ 일 때, 임의의 양수 b에 대하여 $a^x = b$를 만족시키는 실수 x는 오직 하나 존재한다. 이 실수 x를 밑으로 하는 b의 로그라 하고, $x=\log_a b$로 나타낸다. 이 때 b를 진수라 한다.

a가 완전한 수 1이 아니면서 양수로써 존재할 때, 임의의 수 b로 발전할 수 있는 가능성을 가지고 있음을 알 수 있다. 자신이 a로서 존재할 때 a는 각 순간마다 현재의 나이므로 다음 단계인 b로 나아갈 수 있는 것이다. 이 때, 현재의 나는 완전한 1로의 내가 아니기 때문에, x라는 실수를 필요로 하게 된다. 이 실수 x는 그러나 결국, 나를 바탕(밑)으로 하여 새로운 나(진수)를 만드는 창조의 과정이므로, 새로운 기호 log가 등장하게 되는 것이다.

또한 각 상황에서 나를 만드는 x는 하나씩 존재하게 되는데, 현재 내가 할 수 있는 일과 해야 할 일의 종합적인 면에서 한 단계씩 발전해나가기 때문이다. 즉, 나는 '매 순간 발전하는 사람' 이 되도록 노력하고자 한다.

$0.9897898\cdots \neq 1$

우리는 인생을 살면서 다양한 상황에 직면한다. 그러면서 일을 해결할 때 대충하고 넘어가는 경우가 많다. 그러나 성공한 삶을 살기 위해서 대충 일을 해결하는 경우는 없어야 한다. 아무리 1에 가까운 숫자라도 0.00000001 이라도 부족하면 그것은 1이 아니기 때문이다. 근사 값은 결국에 근사 값일 뿐, 결코 완전한 수가 될 수 없다.

예를 들어, 0.9897898…을 내 노력으로 보고 1을 성공으로 봤을 때 내 노력이 저것뿐이라면 결국엔 실패한 일이 된다. 그러나 0.0102102…만 더해지면 그것은 성공한 것이 된다.

또한 1.0930328도 결국은 1이 아니듯, 넘치는 것은 필요치 않은 에너지를 넘치게 사용했다는 의미이기 때문에 역시 최선은 아니다. 결국엔 그에 딱 알맞은 적절한 노력이 필요하다는 말이 된다. 따라서 성공한 삶을 살기 위해서는 모든 것에 적절한 노력을 기울여야 한다.

숫자 6에 대한 단상

내가 가장 중요하게 여기는 가치를 숫자 '6'과 관련지어 보고 싶다. 2학기 생활을 하면서 내가 중점을 둔 부분은 '동아리 활동 열심히 하기', '최선을 다해 독서하기'였다. 다른 할 일이 많아 다 해내지 못할 것 같다는 걱정이 가끔 들었음에도 불구하고 두 가지 모두를 잘 실천해 내어 행복했다. 조금 더 자세히 설명을 하자면 우선 나는 2학기 동안 '6'번의 동아리 공연에 참가했다. 한 번은 국악과 관현악단의 공연이었고, 나머지는 내가 가장 애정을 담고 있는 기타 동아리의 공연이었다. 어릴 적부터 대중들 앞에서 무언가를 할 때 긴장을 많이 하여 나의 실력을 마음껏 보여주지 못해 늘 아쉬움이 남았었는데, 이렇게 여러 번의 동아리 공연을 통해서 경험도 쌓고, 그러한 단점을 많이 보완할 수 있는 전환점을 맞게 되어 감사했던 한 학기였다.

내가 연주한 악기인 가야금은 '6'의 배수인 12현을 가지고 있고, 기타의 줄은 '6'개로 이루어져 있다. 정말 이런 6과 관련된 우연이 또 어디 있을까? 또 2학기 개강 후 두 달에 '6'권씩 총 12권의 책을 읽었다. 한 달에 약 3권, 일주일에 약 한 권을 읽은 것으로 볼 수 있는데 평소 책과는 거리가 멀었던 나에게는 장족의 발전이라고 생각한다.

이번 경험을 토대로 앞으로의 독서 방향에 지표로서 활용해야겠다는 생각이다. 바쁘게 지나간 2학기가 '6'이라는 숫자를 매개로 큰 의미를 부여받았듯이 다가올 학기도 또 다른 숫자와 연결할 수 있을 만큼 의미 있기를 바라는 바람이다.

나의 이름은 소수

내 이름을 '소수(素數)'라고 짓고 싶다. '소수(素數)'의 수학적 정의는 1과 자신 이외의 다른 수로 나누어 지지 않는 정수이다. 개성이 강한 수들의 모임이라는 인상이 들었다. 요즘같이 획일화 되어가는 시대에서 이는 꼭 필요한 요소인 것 같다. 다른 사람을 따라하는 것이 아니라 나만의 방식으로 세상을 살아가는 것은 매우 중요한 것 같다. 따라서 나도 나만의 색깔과 개성을 가지고 있는 사람이 되고 싶어서 그렇게 지어보았다.

인간은 0, 1, 2의 조화

인간을 태어날 때 아무 것도 가진 것 없이 태어나서, 죽을 때도 아무것도 가지지 못한 채로 죽는 다는 점에서 0이라는 수를 고유한 숫자로 부여할 수 있다.

또, 개인은 하나의 인격체로서 동등하게 존엄성을 지닌 존재로, 모두 다 같은 가치를 지닌 다는 점에서 개인에게 1이라는 수를 부여할 수 있다.

마지막으로 인간(人間)이라는 한자의 기원이, 사람은 사람들 사이(사회)에서 인간이 된 다는 점에서 나왔다고 한다. 사회(또는 인간관계)가 성립되기 위한 조건 즉, 인간이 되기 위한 조건은 사람이 2명 이상일 때이기 때문에, 인간에게 2라는 수를 부여할 수 있다.

따라서 인간은 0, 1, 2의 조화라고 생각한다.

내 인생 숫자 99

내 인생을 수학적으로 표현하면 숫자 99라고 할 수 있다. 왜냐하면 99라는 숫자는 완전함을 뜻하는 100에서 1% 부족한 숫자로 어딘가 부족하고 모자란 느낌이 들기 때문이다. 내 인생 자체도 언제나 부족함의 연속이므로 항상 배우는 자세를 잃지 않고 열심히 노력하며 살아가겠다는 의미가 포함되어 있다. 따라서 내 인생 숫자는 99이다.

절대값

+1과 -1의 실제 값은 다르다. 그러나 이 두 수의 절댓값을 취하게 되면 두 수의 값은 1로 같게 된다. 절댓값 기호는 부호에 상관없이 숫자 고유의 값만 인식하는 것이다. 이 절댓값 기호처럼 나 또한 어떤 사람의 사회적 배경에 상관없이 그 사람 고유의 인격을 알아 볼 수 있는 사람이 되고 싶다. 더 많이 가진 사람이나 조금 덜 가진 사람이나

동등하게 바라 볼 수 있는 사람이 되도록 노력할 것이다.

100 < 1

내 좌우명은 '아무리 힘든 일이 닥치더라도 긍정적으로 이겨내자'이다. 좌변의 100은 내가 앞으로 살아가면서 마주할 수 있는 시련의 크기를 의미한다. 우변의 1은 '나는 할 수 있다!'라는 믿음 하나를 의미한다. 즉, 아무리 큰 고난이라도 '내가 할 수 있다'는 믿음을 이길 수는 없다는 뜻이다. 사람은 살면서 누구나 시련을 겪기 마련이다. 그러므로 이 또한 지나가는 시련이라고 생각하고, 긍정적으로 이를 이겨내며 앞으로 나아갈 것이다.

나의 삶은 0.989898……

나의 삶은 '0.989898……'라는 순환소수로 표현할 수 있다. 0.9999……의 경우는 완전한 수인 '1'에 가깝고, 또 실제로 무한의 개념을 적용했을 때, 1이라고 할 수 있다. 하지만, 아직 완벽하지는 않은 나는, 항상 '1'이라는 완전함에 가까운 사람이 될 수 있게 노력하는 존재이다. 그래서 나는 매사에 최선을 다하며, 더 나은 모습을 위해 나 자신을 가꾸어나가는 중이다. 따라서, 이러한 나 자신을 완벽함을 상징하는 1에 가까워질 수 있게 노력하는 수인 98/99로 생각하게 되었다.

또한 행복한 일과 불행한 일이 반복되는 나의 삶을 0.989898…… 이라고 생각해 볼 수 있다. 약간의 언어유희를 쓰자면, 행복한 일이 있을 때는 '팔'팔하고 활기차게 나의 삶을 살아가고, 힘들고 불행한 일이 있으면 '구'사일생으로 살아나 다시 '팔'팔하고 활기찬 모습을 되찾는 나의 삶을 나타냈다고 할 수 있다.

$$10^n$$

중학교 때 나에게 큰 영향을 주신 담임선생님께서 해주신 말씀이 있다. '1명의 스승을 만나고 10명의 진솔한 친구를 사귀며 100권의 책을 읽은 사람이 성공한 사람이다.'

$10^0=1$: 나의 사소한 생활 습관에서부터 사고방식(현재), 추억(과거), 그리고 꿈(미래)까지 영향을 주신 스승님들을 의미한다.

$10^1=10$: 특별한 일이 없어도 서로의 이야기라면 특별하게 들어주는 10명의 진솔한 친구들을 의미한다.

$10^2=100$: 대학에 와서 저의 목표는 남은 100권의 좋은 책을 만나기 위해 노력하고 싶음을 의미한다. 따라서 나의 좌우명을 수학적인 표현으로 나타내면 10의 거듭제곱꼴로 나타낼 수 있다.

$$\sqrt{\sqrt{\sqrt{\sqrt{\sqrt{\sqrt{X}}}}}}$$

자신에게 힘든 일을 1보다 큰 양수 X로 표현하자. 이 수가 1에 근접하면 해결된 것으로 생각을 하자. 수학 기호 루트(route)는 root(뿌리)와 유사한 발음을 가지고 있다. 힘든 일이 있더라도 다양한 길을 통해 나아가려고 한다면 언젠가 그 일은 힘들지만 결국 해낼 수 있을 것이라는 뜻을 부여할 수 있다. 이를 수학적으로 표현하면 $\sqrt{\sqrt{\sqrt{\sqrt{\sqrt{\sqrt{X}}}}}}$ 와 같이 표현할 수 있다. 이를 보기 좋게 정리를 하면 $X^{\frac{1}{2n}}$이 되므로 계속 루트를 씌우면 1에 근접한다.

이진법적인 삶과 십진법적인 삶

이진법은 0과 1로만 구성되어 있다. 이것은 일상적인 삶에 연관 지어 본다면 극단적인 삶으로 나타낼 수 있다. 고민하는 유예의 시간 없이 '도 아니면 모'처럼 화끈하게 사는 것이다. 이에 반해 십진법은 10개의 숫자로 구성되어 있다. 따라서 십진법적인 삶은 여러 가지 선택을 할 수 있는 매우 다양하고 역동적인 삶이다.

하지만 다른 관점으로 생각해보면 이진법은 확실하게 나의 가치관에 따라 내가 살고자 하는 대로 사는 도전적인 삶이지만 십진법은 나의 가치관을 명확하게 따르지 않고 우유부단하며 뚜렷하지 않은 채로 나 자신의 안위를 따져가며 사는 삶처럼 느껴진다. 나는 이제껏 십진법적으로 살아왔다. 도전했다가 상처 받는 것이 두려워 중간의 그저 그런 선택을 해 왔던 것이다. 물론 그것이 나에게 더욱 유익했을 수는 있다. 하지만 큰 보람과 성취를 느끼기에는 부족했다. 단지 나 자신만의 안위를 생각해가며 살아왔던 탓이다. 하지만 이제 실패하는 것을 두려워하지 않고, 내가 하고 싶은 것을 도전해가며 살 것이다. 이진법적으로! 진취적으로! 그렇게 나는 살 것이다.

4를 표현하는 다양한 방법처럼

4를 자연수들의 합으로 표현하는 방법은 4=3+1=2+2=2+1+1=1+1+1+1로, 4 자신을 포함하여 모두 다섯 가지이다. 수식으로 주어진 수를 자연수들의 합으로 표현하는 방법의 가짓수를 구할 수 있을까? 수학자들은 이 가짓수를 분할수라고 한다. 이 분야에서 가장 독창적이면서 독보적인 공헌을 한 수학자가 바로 라마누잔이었다.

라마누잔의 공식을 나의 짧은 수학적 지식으로 설명하기는 어렵지만 4나 5처럼 간단한 수부터 100을 넘어선 어떻게 보면 크고 어떻게 보면 작은 수까지 쪼개서 생각한다는 자체가 나에겐 매우 새로웠다.

어떤 상황이나 사물을 작게, 그 부분 부분을 생각할 수도 있구나 하는 깨달음이 왔다. 이를 바탕으로 스스로를 돌이켜 생각해보니 언제나 어떠한 일에 직면했을 때 그 자체만 보지는 않나 하는 생각이 든다. 앞으로는 어떤 문제나 상황에 직면했을 때 그 문제를 전체적으로 생각하는 것도 중요하지만 작은 부분들로 나눠서 생각해 보는 것도 의식적으로 노력해봐야겠다.

0.9

0.9속에는 우리가 평소에 인지하지 못한 여러 가지 것들이 있다. 나의 부모님, 친구, 나 자신, 내 건강한 신체 등등 모든 것들이 내가 가진 0.9가 될 수 있다. 이 0.9만으로도 충분히 행복할 수 있지만 1이라는 행복에 닿기 위해서는 아직 부족하다. 그래서 나머지 0.09 0.009…를 채우려면 미래를 위한 목표 소망을 가지고 노력하며 성취하며 살아야한다.

그러기 위한 방법으로 나는 악기를 하나 배우고 싶고 책을 많이 읽고 싶다. 또 사랑을 하고 싶고 선생님이 되고 싶다. 이러한 무수한 나머지 숫자를 채우며 1을 완성해가는 행복한 삶을 살고 싶다. 자족적인 행복이 아니라 지속되고 커져가는 행복 그것을 목표로 하며 살고 싶다.

Chapter 02 도형으로 표현한 좌우명

원뿔로 나타나는 나

고등학생 때 이차곡선을 배우고 나서, 원뿔에서 다양한 이차곡선이 나타날 수 있다는 것을 배운 적이 있다. 원뿔은 직각삼각형의 빗변이 아닌 변을 축으로 회전시킨 입체도형이다. 이 원뿔의 단면에는 다양한 종류가 있다.

먼저 회전축에 수직으로 자르면 원이 생긴다. 이 원은 밑면과 평행하고 닮음이다. 또 여기서 조금만 비스듬하게 밑면을 포함하지 않게 자르면 타원이 생긴다. 이 때 타원은 두 초점거리의 합이 같은 도형을 말한다. 다음으로 원뿔의 모선과 평행하게 자를 경우 그 단면의 곡선 부분은 포물선이 된다. 포물선이란 준선거리와 초점거리가 같은 점들의 자취를 말한다. 그리고 회전축과 평행하게 자른 단면의 곡선 부분은 쌍곡선의 일부가 되는데, 쌍곡선이란 두 초점거리의 차가 같은 도형을 말한다. 마지막으로 회전축을 포함한 단면은 삼각형이 된다.

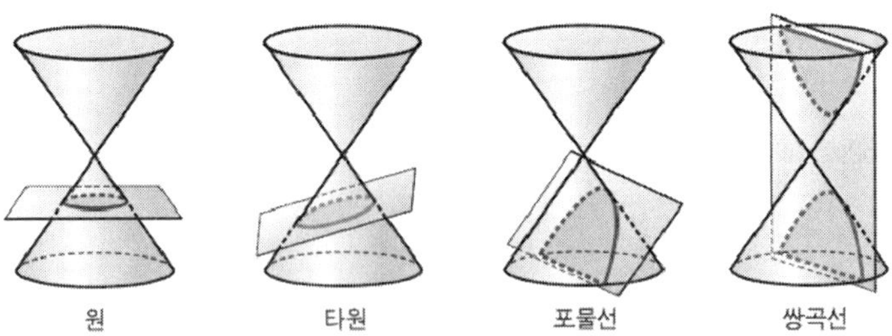

이 원뿔이라는 입체도형의 단면은 이렇게나 다양하다. 도형 자체를 보았을 때는 같은 원뿔이지만 단면으로는 원, 타원, 포물선, 쌍곡선,

삼각형인 모습을 보고, 나는 나 자신의 내면에도 다양한 모습을 찾고 싶었다. 또 나 자신이 누구인지, 내 모습을 단정 지으며 살아가고 있는 건 아닌지 반성할 수 있는 그런 좌우명을 설명하고 싶었다. 그래서 나의 좌우명은 '나 자신의 내면을 찾자'이다.

사실 지금까지 내 내면을 들여다 볼 기회가 잘 없었다. 어쩌면 앞으로도 그럴지도 모른다. 하지만 이번 생활 수학 시간 동안 나에게 수학이란 어떤 의미인지 끊임없이 생각해보고 싶고, 이 수업을 통해 또 다른 내 모습을 발견할 수 있기를 소망한다.

무뎌지지 말자

나는 '무뎌지지 말자'라는 좌우명을 가슴에 새기며 매일매일을 살아간다. 어떤 것이든 처음 만나는 대상을 다룰 때는 긴장을 하며 소중히 다루려 하지만 시간이 지날수록 익숙해지면서 처음의 느낌, 즉 '초심'을 잃어버려 소중한 것을 잃는 경우가 참 많다. 이를 도형으로 표현해보고자 한다.

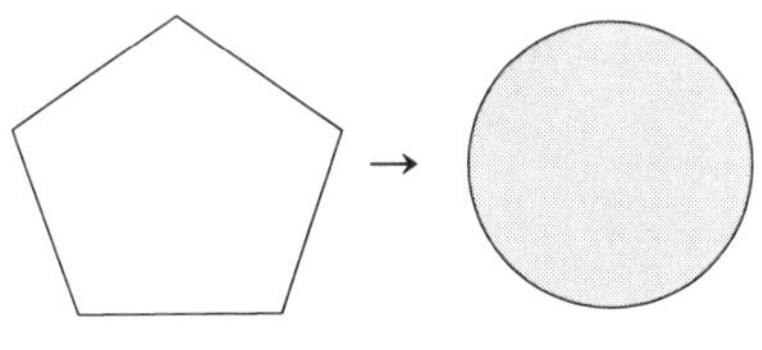

오각형과 원이 있다. 먼저 오각형을 살펴보면, 변과 꼭짓점이 각각 5개로 이루어진 평면 도형 임을 알 수 있다. 이를 보면서 나는 '가족 구성원으로서의 나'와 '개성 있는 하나의 자아를 가진 나'라는 두 가지 생각이 들었다.

첫 번째로 오각형은 우리 가족과 참 닮은 점이 많다. "저는 아버지 어머니 그리고 저를 포함한 세 딸이 이룬 화목한 가정에서 자랐습니다." 초등학교 때부터 늘 해오던 틀에 박힌 가족소개다. 그저 '화목하고 신앙 좋은 우리 가족'이라 생각하며 큰 무리 없이 자라 왔기에 의식하지 못한 부분들이 많이 있었음을 깨달았다. 사람과의 관계를 맺을 때, 서로 익숙해 졌다고 타인의 인격을 쉽게 생각하고 지나치는 순간이 없어야 한다. 또한 가장 익숙한 존재인 가족들에게 조차도 늘 새로운 마음가짐으로 감사하며 반성하고 되돌아보며 살아가야 한다. 실천하기가 무척 어려운 일이지만 그렇기 때문에 이런 좌우명으로 평생의 삶의 목표로 삼아 그에 맞추어 성장하는 사람이 되고 싶다. 또한 오각형은 다섯 개의 서로 다른 변이 만나 조금은 투박하고 각진 도형이다. 서로의 부족함을 채우며 점점 더 원만한 곡선 형태의 원이 되었고, 가족이 함께 성장하는 모습에 빗대어 생각할 수 있었다.

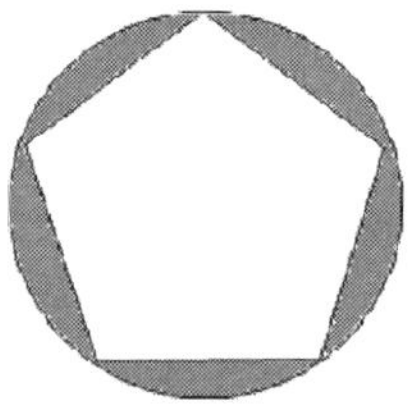

두 번째로 '하나의 자아를 가진 나'로 생각했을 때도 마찬가지다. 스무 살이 됨과 동시에 대학생이라는 옷을 입은 나는 겉으로만 살아있는 청년과 같이 행동했고 겉과 속의 성장단계가 일치하지 않은 상태였다. 따라서 여러 방면으로 부족한 것을 채우고 성장해야 할 부분이 많기 때문에 아직은 오각형 같은 사람이라고 표현할 수 있다.

그렇지만 항상 중심으로부터 일정한 위치의 점들이 모인 원과 같이 똑 부러지고 모든 방면에서 원활한 사람이 되기에는 쉽지 않은 법이다. '성장'이라는 탈을 쓴 원만한 원이 되는 과정에 뒤따르는 무뎌짐이란 상당히 무서운 것이다. 따라서 나는 어떤 대상이 익숙하게 느껴지고 초심이 무뎌지려고 할 때에도 이렇게 모가 난 나의 모습과 성장한 이상향의 모습 두 가지를 모두 간직하며 무뎌지는 것을 멀리하고 서로 채워나가며 보완하도록 노력 할 것이다.

혹여 어떠한 계기로 인해 나의 생각과 가치관에 큰 변화가 올 경우에도

이런 꼴의 형태 자체의 변화가 아니라, 다음과 같이

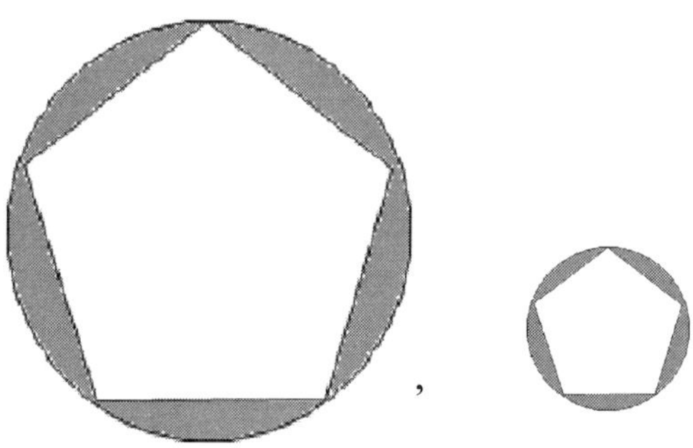

때로는 발전된 모습으로 나의 그릇을 넓히기도 하고, 그릇을 뒤로

하는 대신 타인의 그릇도 존중 해 줄 줄 아는 융통성 있는 변화를 추구하는 내가 되고 싶다.

창의적인 생각을 가지고 행동하자

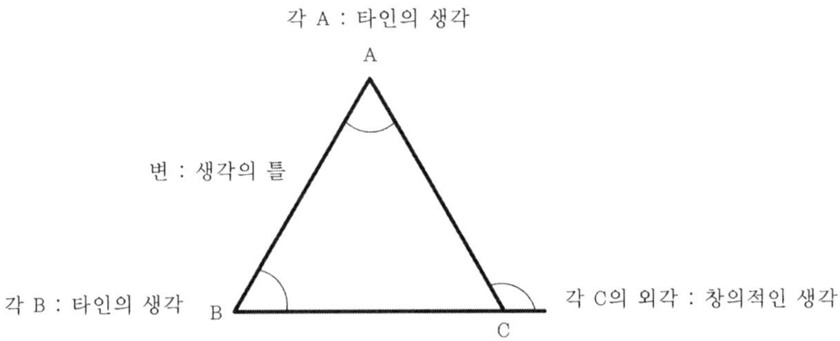

삼각형의 변을 '생각의 틀'이라고 가정하고 각 A, 각 B는 '타인의 생각', 각 C의 외각을 '창의적인 생각'이라고 하자. 수학적으로 각 C의 외각은 각 A와 각 B를 더한 값과 같은데 이를 나는 창의적인 생각은 평범한 타인들의 생각보다 큰 효과를 발휘한다고 해석하였다.

하지만 만약에 삼각형이 예각삼각형이 아닌 직각삼각형이나 둔각삼각형인 경우 (각 C가 직각 이거나 둔각으로 가정 했을 때) 각 C의 외각은 각 A와 각 B를 더한 값이다. 이때에는 각 C의 외각이 각 A와 각 B보다는 크지만 각 C와 같거나 작을 수도 있다. 이것은 창의적인 생각이 때로는 원칙대로 행하는 경우보다 효과가 없을 때이거나 혹은 같은 경우로 볼 수 있다. 나도 실제로 일상생활에서 원칙대로 행해야 하는 경우도 있다고 생각한다.

그러나 남들이 하는 평범한 생각과 평범한 행동은 열심히 할수록 확실한 결과를 보여주지만 남들과 같은 결과를 받게 되는 것 같다. 그래서 창의적인 생각으로 보다 한 발자국 먼저 나가는 것이 나를 위한 계발에 충분한 도움을 줄 것이라고 생각한다.

따라서 삼각형이 예각삼각형일 때로 가정하여 두 내각을 합한 값과 같은 값을 가지는 외각을 창의적인 생각으로 비유를 해보았다.

무게중심을 지켜라

정삼각형의 각 꼭짓점은 부정적인 심성을 의미한다. 정삼각형 내부의 원은 자아를 의미하며, 삼각형 밖의 원은 사회를 의미한다. 가끔 혼자만의 세상과 지식에서 생길 수 있는 아집으로부터 2/3떨어진 지점은 관용과 폭넓은 이해심이 자리 잡고 있다.

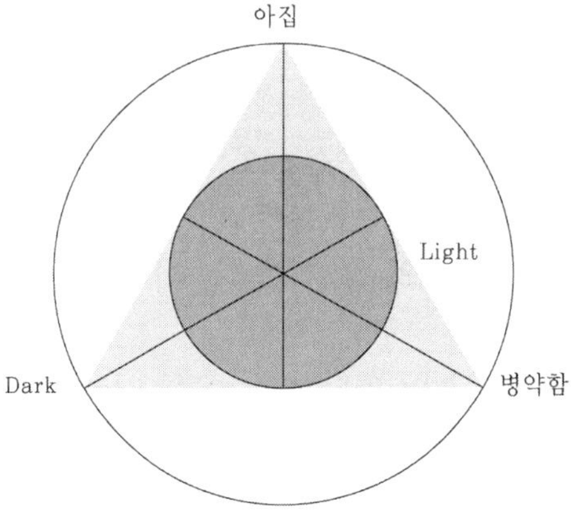

Dark는 너무나 우울하고, 극단적인 폐쇄성과 깊은 고뇌를 나타낸다.

반면, Light는 말 그대로 가벼움이다. 가벼움이란 생각에 있어서까지 가벼워서 만사에 신중을 지 못 하고 마냥 밝고 활발한 상태이다. 그러나 그 무게 중심에는 밝으면서도 사색을 가질 줄 아는 현명함이 있다.

병약함에서 2/3 떨어진 지점은 적절한 건강이 자리 잡고 있다. 극단적인 병약함의 정반대는 타고난 근력과 지구력 등 체력적인 우월함이 있다. 하지만, 그 우월성은 자칫 인생을 현명함과 지혜로부터 멀어지게 하고, 단순 무식한 삶으로 전락시킬 수 있으므로 피해야 한다.

무엇이든 지나치면 해로운 법이라고 생각한다. 지식도, 밝은 성격, 건강도 적절한 무게중심을 찾아 그 것을 지켜 나갈 때 자아의 중심에 서게 된다(정삼각형의 무게중심은 내심과 같다). 또한, 무게중심을 지키는 것은 어둡고, 병약하며 아집으로 가득 찬 사회 속에서 흔들리지 않는 등대와 같은 역할을 할 수 있다(정삼각형의 외심은 무게중심과 같다). 또한, 나의 중심(내심)을 잘 잡는 것은 곧 사회에서도 중심을 잡는 것을 의미한다.

결론적으로 무게 중심을 잘 지켜 밝고, 건강하고, 현명한 삶을 살자!

나의 가치를 높이자

한 변이 1인 정사각형이 있다. 이는 모든 개인이 공통으로 지니는 가치이다. 우리는 노력을 함에 따라 스스로의 가치를 높일 수 있다. 가치를 높이기 위한 노력을 하여 나의 가치를 높이는 행위를, 대각선을 만드는 행위와 같다고 하자. 그렇다면 처음으로 만들어진 나의 가치는

$\sqrt{2}$이다. 이 대각선을 하나의 원 반지름으로 생각한다면, 같은 길이의 직선을 정사각형의 아랫변과 평행하게 그을 수 있다. 그렇다면 다음으로 내가 가치를 높이는 행위를 한다면 어느 대각선이 형성되는 것일까? 본래 지니고 있는 가치 1과 노력한 가치 $\sqrt{2}$가 새로운 가치, $\sqrt{3}$(회색 직선)을 만들게 된다. 이런 식으로 대각선은 계속 형성되고 자신의 가치는 무한한 가능성을 지님을 알 수 있다. 즉 자신의 가치는 스스로의 노력에 의해 무한히 성장할 수 있다.

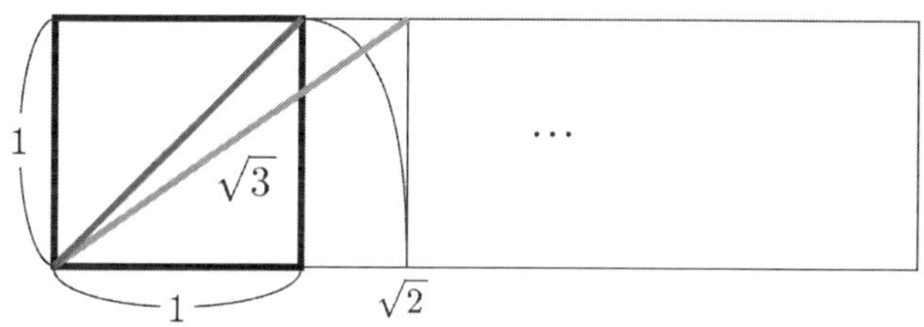

고 3때 친 나의 수능 성적은 형편없이 낮았다. 목표에 대한 뚜렷한 방향도 없었고 자신도 없었다. 하지만 나의 가치를 높이기 위해 재수를 선택하여 현재 대구교대에 입학하게 되었다. 나는 꿈을 향한 한 발짝의 노력을 재수 경험이라고 생각한다. 즉, 나는 스스로의 가치를 1에서 루트 2로 높인 것이다.

대구교대에 있는 재학생들을 포함한 모든 대학생들 등 자신의 가치를 위해 한 발 내딛어 스스로의 가치를 높인 사람들은 전부 현재 $\sqrt{2}$의 가치를 지니고 있는 것이다. 앞으로 우리가 어떤 선택을 하며 미래로 나아갈지는 모르지만 자신의 가치를 높이는 것을 목표로 차츰 노력해 나간다면 나만의 브랜드 가치는 무한을 향해 나아갈 것이다.

R(reality)=V(vivid)D(dream) 이라는 말이 있다. 현실은 생생한 꿈으로 이루어진다는 말이다. 우리 모두 생생한 꿈을 가지고 하루하루 최선을 다하여 노력해 나간다면, 꿈은 현실이 될 것이다. 나만의 무한한 잠재력을 믿고 삶에 최선을 다하는 자세를 가져, 내 가치를 무한히 높이는 것이 내 좌우명이다.

내 인생의 좌우명은 삼각형

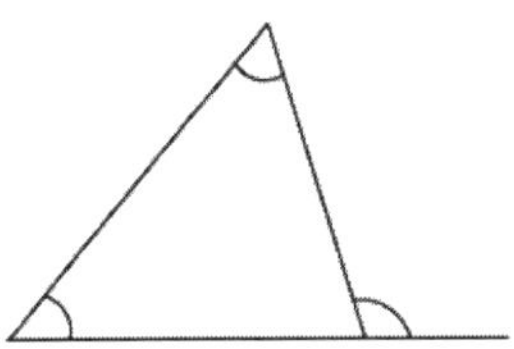

삼각형의 세 선분은 서로 다른 위치에서 각각 출발하지만 분명 언젠가는 각 두 선분끼리 한 점에서 만난다. 삼각형의 선분 하나하나가 우리 삶을 구성하는 요소가 될 수 있고 우리 자신은 그 삼각형 자체가 될 수 있다고 생각한다. 흔히들 입시에서 말하는 '죽음의 트라이앵글'은 학생부, 수능, 논술 이라는 세 가지 요소 안에 갇힌 수험생들의 입장을 대변해 주고는 하는데, 수험생들뿐만 아니라 다른 이들에게도 그 각자에게 처한 상황에서 각자의 삶의 트라이앵글이 세워질 수 있다고 생각한다. 지금 나에게 있어서 내 삶의 트라이앵글을 이루고 있는 세 가지 성분의 정체는 '이상'과 '현실' 그리고 '미래'이다. 서로 다른 곳을 향해 달려가고 있어 언제 만날지 지금 당장은 모르지만 분명히 각각 두 선분들끼리 만나는 교점이 있을 것이고 나는 그 내부에 존재하고 있다.

또 다른 관점에서 바라보면 "삼각형 한 외각의 값은 나머지 두 내각의 합의 값과 같다"는 성질을 떠올릴 수 있다. 나의 외부에 존재한다고 생각했던 것들이 나의 내부에 또 다른 형태로 존재 할 수 있다고 생각하고 나의 외부의 것, 나와는 다르다고 여겨지는 것들을 인정하고 살고자 한다. 내 자신이 아니라고 혹은 내 자신과는 다르다고 차별하거나 꺼려하지 않고 그 것들 또한 내 자신에게 존재하는 일면일 수도 있다고 생각하고 내 자신을 한 번 더 되돌아보고 한 발짝 더 나아갈 수 있어야하겠다.

한 붓 그리기

나의 인생과 좌우명은 한붓그리기와 같다. 한붓그리기란 연필을 단 한 번도 떼지 않고 어떠한 변도 한 번만 지나가도록 원하는 그림을 그리는 것을 말한다. 이는 포기하지 않고 끝까지 노력하면 원하는 결과를 가질 수 있다는 의미로 해석할 수 있다. 한 점에서 그림을 그리기 시작하여 자신이 원하는 그림을 완성시킨 뒤에 다시 시작점으로 돌아오는 한붓그리기처럼 아직 1학년인 내가 어떠한 복잡한 그림을 그릴 지는 잘 몰라도 앞으로의 배움에서 포기 없이 그 선을 따라 끝까지 걷다보면 이 큰 별의 모습과 같이 완성된 멋진 나의 모습을 볼 수 있을 것이다.

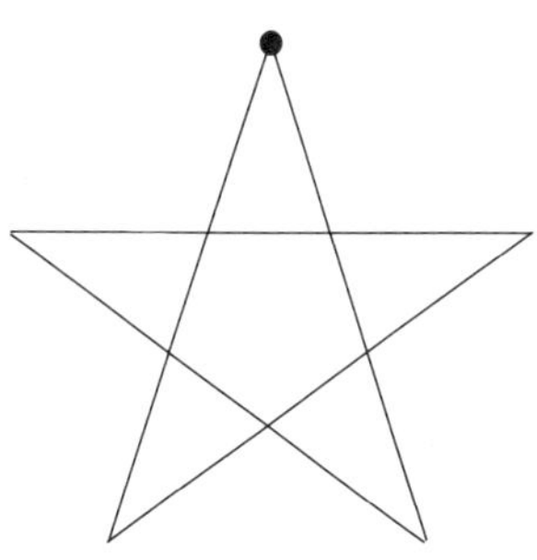

그리고 위의 한붓그리기를 한 별 모양처럼 과연 내가 이 선분들처럼 곧게 살아 왔을까? 곧은 별이 아닌 이상한

모양의 별일 수도 있지만 나는 내가 했던 모든 행동들이 올바르다 믿고 좌우명처럼 끝까지 간다면 빛나는 별이 되어 있을 것이라 생각하여 한붓그리기의 여러 예 중 위와 같은 별 모양을 나의 인생과 좌우명의 모습과 같다고 생각하였다.

항상 긍정적으로 생각하고 웃자

나의 좌우명은 '항상 긍정적으로 생각하고 웃자'이다. 이런 좌우명을 바탕으로 웃고 있는 얼굴의 모습을 이차함수와 무리함수를 이용해 그래프로 나타내어 보았다.

① $y=\sqrt{5x}\,(x<7)$
② $y=\sqrt{-5x}\,(x>-7)$
③ $y=\frac{1}{5}x^2-6\,(y<-2)$

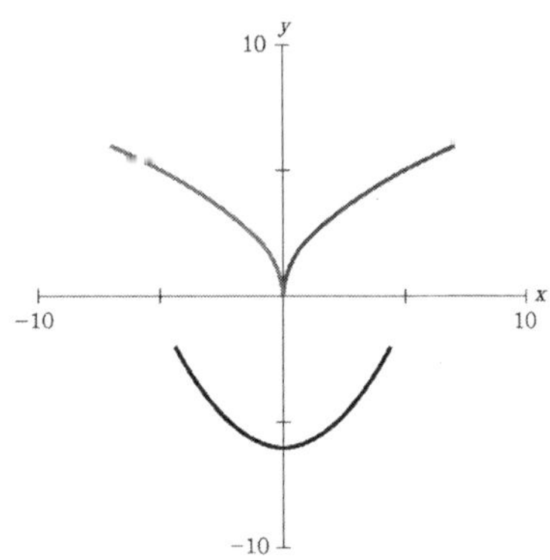

원과 다이아몬드

지금까지 내 삶에 대해 주체가 되지 못하고 객체, 수동적인 입장이었다. 그래서 나의 좌우명은 무엇일까? 진지하게 생각해보았다. 나의 삶,

좌우명에 대하여 수학적으로 나타내면 $|x|+|y|=1 \rightarrow x^2+y^2=1$ 이다.

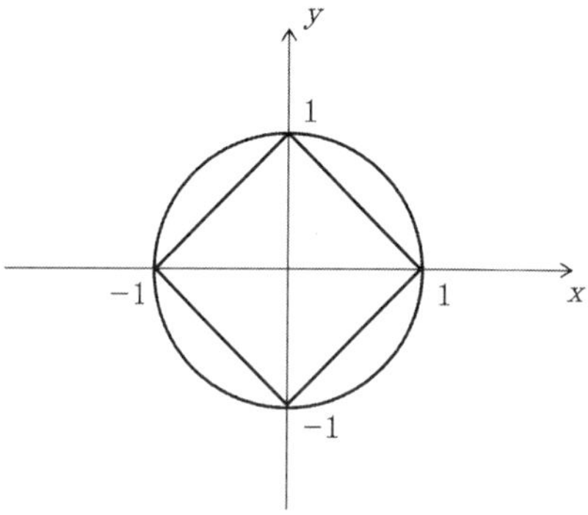

모나고 각진 마름모모양의 $|x|+|y|=1$에서 둥글고 꽉 찬 원모양의 $x^2+y^2=1$ 이 되기 위해 노력하는 삶을 살고 있다. 둥근 원처럼 어디에도 잘 어울리고 튀지 않으며 어떤 사람이든 어떤 학생이든 포용할 수 있는 그런 사람, 그런 교사가 되고 싶다. 지금도 아직 모난 부분이 있지만 옆의 그림처럼 원과 마름모 사이의 빈 공간을 채우며 항상 원이 되기 위해 노력하는 삶을 살아갈 것이다.

원 ≠ 구

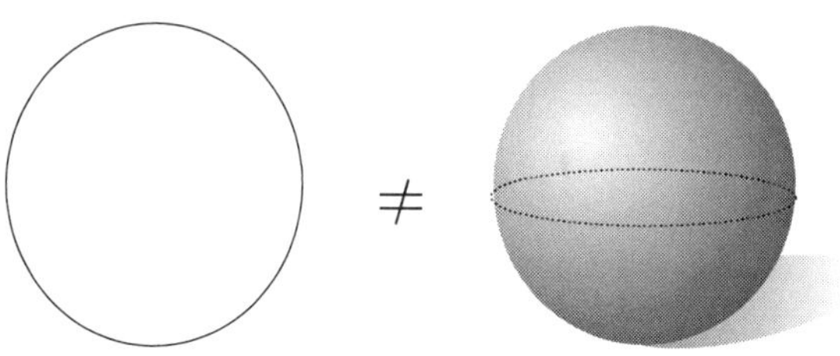

다음은 김중식의 ‘이탈한 자가 문득’이라는 시이다.

우리는 어디로 갔다가 어디로 돌아왔느냐 자기의 꼬리를 물고 뱅뱅 돌았을 뿐이다.

대낮보다 찬란한 태양도 궤도를 이탈하지 못한다.

태양보다 냉철한 뭇별들도 궤도를 이탈하지 못하므로 가는 곳만 가고 아는 것만 알 뿐이다

집도 절도 죽도 밥도 다 떨어져 빈 몸으로 돌아왔을 때 나는 보았다.

단 한 번 궤도를 이탈함으로써

두 번 다시 궤도에 진입하지 못할지라도

캄캄한 하늘에 획을 긋는 별, 그 똥, 짧지만, 그래도 획을 그을 수 있는 포기한 자 그래서 이탈한 자가 문득 자유롭다는 것을

위의 그림과 같이 원과 구는 다르다. 지금 나의 상태는 원에서 구로 변형하고 있는 단계이다. 원은 중심점에서 같은 거리에 있는 점들의 모임이다. 내가 살아온 지난날들은 아까 읊었던 시의 한 구절과 같이, 저 원과 같이 궤도를, 같은 거리의 점들만을 따라가고 있었다. 하지만 지금의 나는 구가되길 원한다. 구는 원과 비슷하게 보여도 2차원과 3차원. 입체적이라는 부분에서 다르다. 하지만 구 역시 원보다는 확장된 개념이지만 궤도를 벗어나지 못한다는 점이 있다. 나의 궁극적인 목표는 제 자신의 차원을 끌어올리는 것이다. 그래서 우주와 같은 11, 12차원까지. 조금 더 사고가 유연한 이탈한 자가 되고 싶다는 메시지를 담아 자신을 원과 구로 표현해보았다.

연애와 원의 방정식

내가 생각하는 연애를 수학적 방정식으로 나타낸다면 $(x-a)^2+(y-b)^2=r^2$로 표현할 수 있다. 이는 중심의 좌표가 (a, b)인 원의 방정식이다. 이 (a, b)는 연애를 시작했을 때의 서로에 대한 감정의 시작점이다. a점이 여자의 마음, b점이 남자의 마음이라고 가정하였다. 이때, 남녀는 서로가 좋아서 연애를 시작했으므로, 적어도 (0.0) 이상의 양수의 수로 시작할 것이다. 그리고 이 r값은 이 남녀가 얼마나 서로를 위하는 마음이 큰가에 따라 달라지는 수이다.

r값은 원점으로부터 떨어진 거리를 의미하듯이, 이 값이 크다면 더 높은 (+, +) 상태가 가능하지만 그만큼 더 낮은(-, -) 상태도 가능하다. 이 (-, -) 상태는 이별을 하기에 좋은 상태이므로 음수로 내려가지 않도록 처음 시작(원점)이 큰 양수로 시작되는 것이 아주 중요하다. 이는 처음 시작한 마음이 크면 클수록, 또 서로를 많이 좋아해서 시작할수록 그만큼 헤어지지 않고 오래 갈 수 있다는 것을 의미한다.

그러다가 한 사람의 마음이 식는 시기가 올 수 있다. 이는 원을 (a, b) 지점으로 4등분 했을 때, 제2사분면, 제4사분면의 상태다. 그러나 다른 한 사람의 마음이 여전히 크다면, 다시 높은 (+, +)상태로 돌아올 수 있다. 그렇지만, 두 사람 모두 지쳐서 (-, -)상태가 길게 지속되어 헤어질 수 있다.

그렇게 감정은 돌고 도는 원의 모양을 만들게 된다. 연애를 하다보면 매 순간 감정이 변하기 마련이다. 여기서 이 r값이 커서 마이너스 상태의 수가 크다고 해서 항상 나쁜 것은 아니다. 그만큼 둘이 좋아하는 마음의 수가 크기 때문에 상대적으로, 큰 마이너스 상태의 수의 고비를 잘 넘길 수 있다. 또, r값이 작아서 마이너스 상태의 감정의 수로 많이 안 간다고 해도, 그만큼 플러스 마음이 작기 때문에, 헤어짐과 만남의 지속함에는 큰 영향을 주지 못한다.

원의 방정식으로 말하고 싶은 것은 연애를 시작할 때 상대에 대한 마음에 확신을 가지고 시작해 좋은 점을 시작점으로 가져야 한다는 것과, 감정은 항상 특정한 점에 머무르지 않고 이동한다는 것, 또한 연애를 하면서 원의 모양을 만들 수는 있지만 그 선이 더 큰 (+, +) 쪽에 더 굵은 원을 만드는 것이 중요하다는 것이다. 원의 어느 부분의 선은 굵을 수도 가늘 수도 있다. 이는 수학에서는 수학적 공식으로 표현할 수 없는 부분이다. 사람 사이의 관계를 모두 수학적인 공식으로 정의하기 힘들기 때문이다.

$$x^2+y^2=80^2$$

80살까지 원처럼 둥글게 살고 싶어서 나를 표현하는 수학적인 표현법으로 원의 방정식을 택했다. x는 내 자신, y는 내 주변의 소중한 인연들을 의미한다. 주변사람들과 함께 둥글게 둥글게 원만한 삶을 살고 싶다.

$$(x-a)^2+(y-b)^2=r^2$$

내 수학 좌우명은 $(x-a)^2+(y-b)^2=r^2$이다. 이 방정식은 $x^2+y^2=r^2$인

중심이 (0, 0)이고 반지름 길이가 r인 원을 x축으로 a만큼 y축으로 b만큼 평행 이동한 원의 방정식이다.

나는 이 방정식을 언제 어디론가 나의 위치가 바뀌더라도(원의 평행 이동) 나 자신을 잃지 말자(원의 반지름 r)는 뜻을 담고 있다.

지금은 내가 대구교대 1학년이라는 위치에서 살아가고 있지만, 언젠가는 나의 위치가 바뀌게 마련이다. 내가 소속된 위치가 어디든 간에, 지금 가진 나의 마음가짐이나 성격같이 나 자신을 잃지 않고, 주변에 휩쓸리지 않는 내가 되기를 바라는 마음에서 이 원의 방정식을 나의 수학 좌우명으로 삼게 되었다.

삼각형과 원

나의 인생을 원에 비유해 보았다. 아래 그림과 같이 잘게 자르면 무수한 작은 삼각형들이 합쳐져 원을 이루듯이, 현재 나의 젊음, 능력, 패기, 열정, 노력들이 지금은 조금씩 부족하지만 이것들이 합쳐진다면 더욱 완벽한 삶을 완성 할 수 있을 것이라 생각한다.

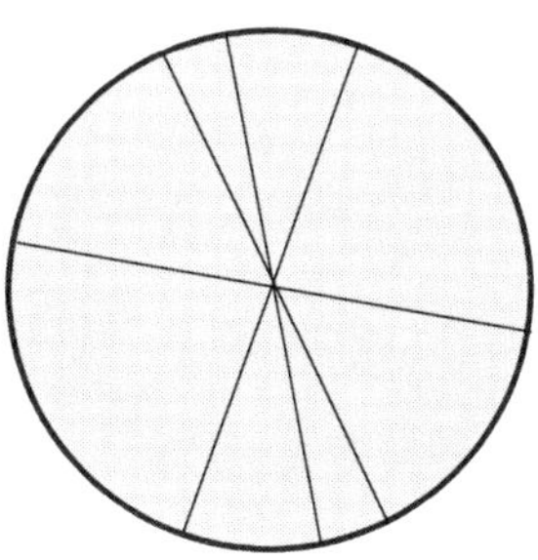

Chapter 03 수식으로 표현한 좌우명

- $0 \times \infty = 0$
- 4+3=4
- $\lim_{t \to \infty}(1 - S) = 0$ (단, S는 자연수이다.)
- 0.999⋯=1
- 20+1=21
- $\sum_{n=1}^{\infty}(\frac{1}{2})^n = 1$
- 오늘만 살자
- $i \times i = -1$
- (X+A)(X+B)로 풀어보는 나의 좌우명
- $1 \times 1 \times 1 \times 1 \cdots \times 1 = 1^n = 1$
- $y = \frac{(x \times z)^2}{w} \times v$
- 내 사전에 불가능은 없다.

- $F(D) = \sum_{t=1987}^{2014} f(t) + \int_{2014}^{D} f(t)dt$
- 1+1=1이 되는 삶을 살고 싶다.
- 1+1=?
- 1+1=2가 아니라 ∞(양의 무한대)이다.
- 노력과 인내, 실패의 합집합은 성공이다.
- ÷ = +
- 30=20+10(자신의 한계를 인정하고 겸손하게 살자.)
- $\lim_{n\to\infty}\frac{1}{n} = n+1$
- 18을 반으로 나누면?
- 5!=1+119
- $1+1\times1-1\div1=1$
- 20살+α=∞, 20살+α=0
- 경험은 나를 긍정적으로 성장하게 한다.
- 공부에 대한 태도
- 부모님께 감사하는 마음
- $\lim_{n\to\infty}\frac{n^2+n}{n^2-n}$ =1
- 사칙연산의 과정으로 본 나의 가치관
- 1-x=0
- (10 +12) ÷ 9: 眞善美

- $20+1 > 21$
- $120\,\Pi\, 1\times(-1)\times(-1)\times{}_8C_8 = 120+\alpha$
- $2\times 8 = (-4)^2$
- $0\times x=0$
- $2+2=4$
- 10 x 0=0, 10 +0=100, n(10+0) =1/n
- $1\div\frac{1}{2}=2$
- 6,000,000,000 - 5,999,999,999=1
- $100 \div 30=\infty$
- 제곱근으로 좌우명
- $\lim_{n\to\infty} f(x)=\infty$
- 0 * 0=00
- $1\div1=1$에서 $1+\infty=\infty$로
- 부호와 삶의 의미 (+, -, ×, ÷)
- $(a+b)^2 = a^2+2ab+b^2$
- $1\div1=2$
- $1+n=\infty$
- $\frac{100}{100}=1$
- $\frac{1}{\infty}+\frac{1}{\infty}=\frac{1}{\infty}$

- 항등식 $x^3 - x - 6 = (x-2)(x^2 + 2x + 3)$
- 99+1=100
- $1 + \frac{1}{2} + \frac{1}{3} + \frac{1}{4} + \cdots\cdots = \infty$
- $1 \div n = \infty$
- 1+sinQ(Q는 실수)-$10x^2 + \frac{1}{2}x^2$+x ⋯
- 1과 1^n
- 인생은 삼차함수
- $(0+1+2+3+4+5+\cdots+19+20)^4=\infty$
- 노력하는 사람이 되자
- 1234321
- 사람들의 관계와 이를 표현한 수식
- 20에다 1씩 더하기
- 7210-1=0
- 오일러의 공식과 같은 삶을 꿈꾸며⋯
- 사칙연산과 인간관계 속에서의 친밀도
- $12-1=-\infty$
- 항상 초심을 잃지 말고 살자
- 방정식으로 표현한 나
- $\lim_{n\to\infty}(\text{노력}+\text{투자}+\text{운})^n$=성공

- 인생의 좌표
- '교학상장' : $a^2+b^2 < (a+b)^2$ $(0 < a \leq 10, 0 < b \leq 10)$
- 무한등비 급수의 합
- 나와 너의 만남
- 다양한 다짐들, 그리고 그 안의 공통점
- 성공적인 삶의 기준과 로그부등식
- F(x)= 2^x
- A well-used minimum suffices for everything

$0 \times \infty = 0$

짧은 인생을 사는 동안 내 인생은 남들 못지않게 매우 굴곡졌다. 고등학교 3학년 때 남들보다 뒤늦게 공부를 시작하였지만, 결국 고등학교를 졸업하고서 내가 원하는 대학에 갈 수 없었다. 그리하여 재수라는 길을 택했다. 재수를 끝내고 성적은 많이 올렸지만 교대에는 갈 수 없어서 조금 낮은 성적으로 지방 4년제 국립대 해사대학에 입학하였다. 그래도 나름 좋은 조건의 대학이라고 생각했고 앞으로 사회에 나가서 무슨 직업을 가지고 살지 훈련받는 내내 고민했지만 교대로 진학하는 것이 나의 미래를 더 행복해 줄 것이라고 생각했고 선생님이라는 직업이 더 좋겠다고 생각을 했다. 그 결과 자퇴 후 삼수를 하여 간절히 원했던 교대에 비로소 늦게나마 진학할 수 있었다. 교대에 재학 중인 동기들과 선배님들은 고등학교 때부터 수재였던 경우가 많으나, 나는 그렇지 못했다. 하지만 꾸준히 나의 자리에서 묵묵히 노력한 결과 그들과 비슷한 결과를 얻을 수 있었다. 그렇기에 나는 나의 좌우명을 '학습 능력은 사람마다 차이가 있으니 그것을 인정하고 계속해서 노력하다 보면 결국 내가 원하는 것을 이룰 수 있다'로 정리했다. 이런 좌우명에 가장 어울리는 수학적인 표현을 아래의 곱하기 공식으로 나타내었다. 왼쪽의 0은 노력을, 오른쪽의 ∞는 학습 능력을 나타낸다. 이 둘이 곱해져서 나오는 오른쪽의 0은 결과물이다. 해석을 하자면, 학습 능력은 사람마다 차이가 많이 있다. 어떤 사람은 낮을 수도 있고 높을 수도 있다. 그래서 학습 능력은 ∞로 표현해 보았다. 그렇지만 이 차이를 극복하고 결국 성공에 이르는 사람들도 많이 있다. 즉, 노력을 많이 한다면 학습 능력의 차이를 극복하고 성공을 할 수가 있다. 이를 달리 말하면 사람들마다 학습 능력이 차이가 있더라도 노력을 하지 않는다면 결과물은 0에 머무르게 된다. 이러한 이유로 나의 좌우명을 수학적으로 표현하고자 한 것은 노력의 중요성을 강조한 곱하기 공식이다.

$$4+3 = 4$$

나를 나타내는 수학식은 4+3=4 이다. 예전부터 '4'자와 '나'자가 비슷하게 생겼다고 생각해왔는데 그것을 수학식에 표현하게 되었다. 또, 더하기라는 표시의 생김새가 여러 다른 기호들과 비슷하게 생겨서 그것을 수학식에 접목시켜 나에 대한 소개와 앞으로 교대생으로서의 다짐으로 표현하고자 했다.

이 식의 전체적인 뜻은 작은 '나'가 3개의 더하기를 만나서 더 큰 '나'가 된다는 것이다.

첫 번째 더하기는 긍정적인 면모를 지닌 나의 성격을 의미한다. 이 대학교를 오기 위해서 겪었던 수험생활 동안 어떤 일이 있더라도 긍정적으로 생각하려고 노력해왔다. 대학에 입학하고 나서도 고민이 있더라도 무작정 걱정하기보다는 긍정적으로 생각하였고, 그렇게 행동하니 자연스레 긍정적인 친구들을 만날 수 있었다. 더 나아가 더욱 더 긍정적으로 변하는 나의 모습을 보았다.

두 번째 더하기는 기독교인의 십자가를 뜻한다. 이 의미를 교수님께 설명드렸을 때 교수님께서는 내가 짊어지는 십자가는 무엇이냐고 물어보셨다. 기독교인으로 살면서 나의 사명은 '저 사람은 기독교인 같다.'라고 인정받는 것, 그리고 다른 사람들에게 종교를 강요하지 않는 선에서 전도를 하는 것이다. 물론 내가 짊어진 십자가로서 나를 표현하는 것도 중요하지만 나는 고향을 떠나 타 지역에 와서도 하나님에 대한 나의 마음을 잊지 않고 살기 위해서 나에 대한 소개에 십자가를 포함하였다.

세 번째 더하기는 보건의 녹십자를 의미한다. 초등교사의 꿈을 키울 때 현직 초등학교 선생님들의 수필을 여러 권 읽은 적이 있다. 이 책들은 공통적으로 다친 학생들에 대한 내용을 다루고 있었다. 보건 선생님은 학교에 한 분 밖에 안 계시고 아이들이 다치는 곳에 항상 보건 선생님이 있는 것이 아니어서 안전에 항상 유의해야 한다는 것이었다. 물론 내가 의료를 배워서 전문적으로 이런 상황에 대응하는 것은 아니지만 다친 학생을 치료하는 것뿐만 아니라 학생들의 위생을 철저히 하는 것, 그래서 질병을 예방 하는 것 모두 안전에 해당된다고 생각한다. 이렇게 학생들의 건강에 대해서도 잊지 않는 선생님이 되어야겠다고 생각해서 녹십자 모양을 더하기의 의미에 추가하였다.

대학교에 입학하면서 여러 곳에서 다양한 방식으로 자기소개하는 시간이 있었다. 예를 들면 새내기 배움터에서는 사투리로 자기소개하는 시간을 가졌고, 생활 수학 시간에는 수학이라는 언어로 자기소개하는 시간을 가졌다. 이 시간들을 통해서 지금까지 생각해보지 못한 나의 모습, 내가 중요하게 생각하는 가치에 대해서 생각해 볼 수 있는 시간을 가질 수 있었다. 앞으로도 살아가면서 나를 소개하는 일들이 많을 텐데 그때마다 내가 어떤 생각을 가지고 살아가는지 성찰하는 마음을 가지고 변화해가는 나의 모습을 메타인지적으로 관찰할 것이다.

$\lim_{t \to \infty}(1-S)=0$ (단, S는 자연수이다.)

1은 나 자신이고 S는 학생을 의미한다. 그 학생은 한 명일 수도, 다수를 가리킬 수도 있다. 그 수가 정해지지 않았기 때문에 문자로 표현하였고 여러 문자 중에서 특별히 S를 사용한 이유는 student(s)라는 학생의 의미를 나타내고 싶었기 때문이다.

처음에는 S대신 숫자를 사용했다. 통계청 자료를 참고하여 가장 최근인 2018년 기준, 2,711,385(전국 초등학생 수)÷186,684(전국 초등교원 수)를 구했다. 한 명의 교원이 1년간 담당하는 평균 초등학생 수를 소수점 둘째 자리에서 반올림한 14.5이라는 수치였다. 하지만, 이는 매년 바뀌는 수치이고 평균값이라 내가 실제로 담당하는 학생 수와 전혀 다를 것이다. 그렇다면 $1-14.5=0$이라는 수식은 나의 경우에는 성립하지 않으므로 14.5대신에 미지수로 두기로 정했다. S는 학생 수이므로 자연수라는 조건도 더했다.

이러한 수식을 떠올리게 된 이유는 초등 교사를 꿈꾸는 나의 삶을 나타내고 싶었기 때문이다. 초등학생들이 학교에 '룰루랄라~'하면서 즐겁게 등교하는 모습을 꿈꾸었다. 아이들의 삶이 행복해지기 위해서는 누군가의 지속적인 관심과 사랑이 필요하다고 생각했고 앞으로 폭넓은 지식과 지혜를 쌓으며 나의 능력을 키워 아이들에게 전념하고 싶었다. 이러한 포부를 어떻게 수학적으로 표현할지 고민해보았다. $\lim_{t \to \infty}$라는 수식에서 t는 시간을 의미한다. 시간이 무한히 흐르는 동안 매순간 좋은 교사가 되기 위한 배움을 게을리 하지 않는다는 전제이자 결심을 강조하고 싶었다. $1-S=0$은 내 삶의 전부를 학생들에게 바쳐 교육에 헌신하고 싶은 마음을 나타낸다.

하지만 교수님께서 조언을 해주셔서 저 수식은 아주 특수한 조건이 있을 때만 가능하다는 것을 깨달았다. 이에 잘못된 부분은 고치고 특수한 조건을 더해보려고 한다.

우선, 시간(t)이 무한히 흐르는 가운데 지식과 지혜가 쌓인다는 전제를 두었는데, 이를 위해서는 시간을 짧게 끊어보았을 때 매 초마다 적어도 하나 이상의 깨달음이 있어야 한다. 하지만 이는 노력하려고 해도 불가능하다. 또한 시간이 무한히 흘러 내가 존재하지 않을 때에도 여전히 아이들이 나의 삶의 전부라는 것은 말이 되지 않는다. 따라서 $\lim_{t\to\infty}$라는 수식은 없애기로 했다.

그렇다면 $1-S=0$이라는 수식만 남는다. S를 우변으로 넘기면 $1=S$가 되기도 하므로 두 가지 형태의 등식을 모두 살펴보아야겠다.

$1=S$부터 생각해보자. 1은 초등 교사로서 나를 의미하므로 이는 학생들에게 '선생님이 하는 말과 생각을 전부 받아들이고 똑같이 따라하세요!'라고 강요하는 것으로 해석될 수 있다. 하지만 생활수학에서 식에 의미를 부여하는 주체는 '나'이므로 다른 방식으로 바라볼 것이다. 등식의 좌변과 우변의 순서를 바꾸면 $S=1$이다. 아이들의 마음을 선생님이 온전히 이해하고 공감해 준다는 의미이다. 그들의 생각이 무조건 옳다는 것이 아니라 존중한다는 것이다.

$1-S=0$이라는 수식은 나의 삶에서 아이들을 빼면 남는 것이 없으므로 교사로서 아이들을 위해 희생하겠다는 의미가 될 수 있다. 하지만 무언가를 빼앗긴다는 의미를 담고 있는 희생이라는 단어는 사용하고 싶지 않다. 나의 경우에는 빼앗기는 것이 아니라 얻는 것

이다. 선생님으로서의 삶에는 즐거움도 있겠지만 많은 우여곡절이 있을 것을 충분히 예상하고 있다. 힘들더라도 아이들과 함께 극복해 나갈 수 있다면 그것이 나에게는 삶의 원동력이자 행복이다. 단지 아이들의 행복을 위해 내가 무언가를 해 줄 수 있다면, 내 모든 것을 바칠 수 있다는 진심을 나타내고 싶었다.

그러나 과연 매순간 아이들을 위해 나의 전부를 희생하는 것이 가능한 것일까? 교사도 여행을 가거나 취미 생활을 즐기며 자기 계발을 하는 시간이 필요하고 신경 써야 할 개인적인 일도 있을 것이다. 어쩌면 학생을 사랑하는 교사라면 1년 365일 24시간을 쉬지 않고 교육에 온 정성을 쏟아야 한다는 강박관념이 있었을지도 모르겠다. 이는 불가능하고 오히려 교사를 금방 지치게 하는 비효율적인 생각이었음을 깨달았다. 따라서 $1-S=0$이 성립 가능한 특수한 조건을 설정하기로 했다. 그것은 사랑하는 아이들을 '마주하는 순간' 만큼은 온전히 아이들을 위해 살아가는 것이다. 그것이 균형 잡힌 삶이고 올바른 마음가짐인 것 같다.

결론적으로 여전히 서툰 생각일지 모르지만 앞으로도 계속 고민하며 수학적 사고력도 키우고 현명한 교사도 되고 싶다. 이를 종합하여 마지막으로 수식을 다시 정리하겠다.

S와 1이 마주하는 순간일 때, $1-S=0$(단, S는 자연수이다).

0.999 ⋯ =1

수학적으로 나의 좌우명을 0.999 ⋯ =1와 같이 표현할 수 있다.

모양은 서로 다른 두 수가 같은 값을 나타내는 것처럼 생긴 것도 서로 다른 여러 사람들이 편견 없이, 그리고 다툼 없이 살아야 된다고 생각하여 이런 좌우명을 갖게 되었다. 사실 우리는 외모만 보고 사람을 판단하는 경우가 많다. 예를 들어 살이 좀 쪄 있는 사람을 보고 자기관리를 잘 못하는 사람이라고 생각하는 경우가 있다. 하지만 우리는 이런 태도에서 벗어나서 모든 사람들을 편견 없이 대해야 한다. 0.999 ⋯ =1. 이 수식처럼 전혀 같지 않을 것 같은 수가 알고 보면 같은 크기를 나타내는 수인 것처럼, 우리도 모습만 다르지 모두 사랑을 갈구하는 사람이다. 이 사실을 항상 마음속에 간직하고 살아야한다.

수학적으로 좌우명을 표현하는 방법은 다시 한 번 좌우명을 돌아볼 수 있도록 하는 독특한 방식이라는 생각이 들었다. 그냥 자신의 좌우명을 생각해오라는 과제였다면 인터넷에서 조금 멋있어 보이는 문구를 인용해서 소개하는 정도로 끝났을 수도 있다. 하지만 이를 수학적으로 표현을 하려고 노력함으로서 더 깊게 나의 생각을 담은 나만의 표현을 하게 되었던 것 같다. 내가 관심사나 추구하는 바를 간단한 수식으로 표현하려고 하니, 나에 대해서 조금 더 알아볼 수 있었던 시간이었다.

20 + 1 = 21

나 자신을 수식으로 표현하자면, 20+1=21이다.

$$20 + 1 = 4$$

위의 식을 그냥 읽으면 '20+1=21'처럼 보이지만 그 속에는 나의 좌우명인 '최선을 다하자'의 의미를 담고 있다. '20'살에 교대에 진학하지 못했지만 원하는 꿈을 이루기 위해서 '1'년 동안 이전보다 더욱 최선을 다해 집중하며 높은 성과를 얻기 위해 노력하였다. 그 결과 대구교대에 합격하면서 '21'살에 대구교대 학생이 되었다. 대입에 실패해 미래에 대한 걱정이 많았던 20살의 인생에서 1년 동안 지금까지 해왔던 노력과는 비교가 되지 않을 정도로 치열한 생활을 하였고, 결과적으로 교육대학교에 진학하고자 하는 단기적인 꿈을 이룬 21살의 '나'를 표현한 것이다.

하지만 또 다른 관점에서 '21'이라는 숫자를 조금 다르게 본다면 '21'은 '나'라는 글자와 비슷하게 생겼다. '나'는 내가 원하던 교대생으로서의 '나'이다. 즉 '20+1=나' 라고도 말할 수 있다. 비록 20살에 경험한 실패가 불필요하고 암흑기라고 생각할 수도 있지만 어떻게 생각해보면 이를 통해서 오로지 공부에만 집중해서 1년 동안 꿈을 향해 치열하게 살아보는 경험을 할 수 있었던 것이다. 이런 경험이 더욱 단단하고 굳센 21살의 '나'를 만들었다고 생각한다.

보기에는 간단한 식으로 보일 수 있지만, 숫자마다 나의 인생이 담겨 있다. 숫자에 나를 대입해보는 활동을 통해 지금까지의 나를 돌아볼 수 있었고, 지금의 나는 어떤 숫자를 향해서 달려가고 있는가에 대해서 생각해보는 기회가 되었다.

$$\sum_{n=1}^{\infty}(\frac{1}{2})^n = 1$$

$\sum_{n=1}^{\infty}(\frac{1}{2})^n = 1$. 이 식은 시그마를 배울 때 가장 기초적으로 배우는 식이다. 이 식을 쉽게 이해하기 위해서 다음과 같은 도형 하나를 그리고 수식을 풀이해 보자.

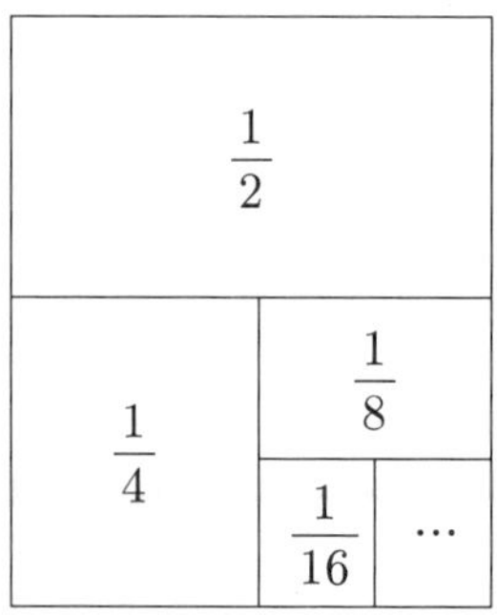

위의 도형을 보면 한 변의 길이가 1인 정사각형을 가로 세로로 절반씩 계속해서 구역을 나누는 것을 볼 수 있다. 먼저 이 큰 정사각형을 반으로 자르면 나뉜 구역의 크기는 1/2이다. 그 다음 남은 구역을 다시 반으로 자르면 그 구역의 크기는 1/4이다. 이런 방법으로 계속 잘랐을 때 생겨난 구역의 크기를 더해 가면 결국에는 이 큰 정사각형의 넓이와 같은 값을 얻게 될 것이다. 이를 식으로 나타내면 $\frac{1}{2}+\frac{1}{4}+\frac{1}{8}+\frac{1}{16}+\cdots=1$와 같이 나타낼 수 있다. 만약 이를 위의 도형을 통한 이해 없이 식으로만 접했다면 와 닿지 않았을 것이다.

이렇듯 이를 우리의 삶과 연관 지어서 생각해보면 우리는 직관적으로 전체적인 것을 조망하는 것이 어려울 수 있다. 자연 현상이나 사회적 현상에서는 거시적인 안목을 이용할 수 있지만, 우리의 삶은 전체적인 관점에서 보는 것이 힘든 존재이다. 우리가 삶 속에서 부딪치고 마주하는 것은 우리 전체 삶의 아주 작은 부분들이다. 그러한 작은 부분들을 하나씩 이겨나가다 보면 결국엔 0에 마주하게 될 것이다. 우리가 겪은 작은 부분들은 결국 모여서 1이라는 나 한 사람의 인생으로 남게 될 것이다. 인생사는 모두 똑같다. 삶의 크기는 다들 다를 수 있지만 그 삶 속에서 만나는 것들은 $\frac{1}{2}+\frac{1}{4}+\frac{1}{8}+\frac{1}{16}+\cdots$ 이러한 것들로 모든 사람의 인생사와 비슷하다. 누군가는 $\frac{1}{2}$를 만나기 전에 먼저 $\frac{1}{1024}$를 먼저 만나게 될 수도 있지만, 결국에 그 사람의 인생의 합은 1이 될 것이다. 나보다 큰 수의 삶을 사는 사람도 없고 나보다 작은 수의 삶을 사는 사람도 없다. 그렇기에 나는 내 삶을 누구보다 낫다 누구보다 못하다 하며 살 필요가 없다. 그저 1인 내 삶을 소중하게 생각하고 남의 삶을 존중하며 겸손히 하루하루 직사각형의 한 부분들을 마주하면서 살아가면 된다.

오늘만 살자

$$k - 1 \times x = 0$$

내 좌우명 '오늘만 살자'를 수학적으로 표현하면 위와 같은 수식이 된다. 살아가면서 우리는 많은 것들을 보고 느낀다. 그리고 그 과정 속에서 우리는 많은 것들을 주변에 남긴다. 어릴 적 함께 놀았던 친구에게는 즐거운 기억을, 책장 한 구석에 놓여있는 일기장에는 추억을 남겨왔다. 그 외에도 지나쳐온 수많은 거리들, 먹고 마셨던 음식들, 신발, 성적표, 자전거, 투표용지, 발자국… 금방 사라져버리는 것도 있고 그렇지 않은 것도 있을 것이다. 별 것 아닌 사소한 것들이 대부분일 테지만 어쩌면 세상을 조금은 바꿔놓은 것도 있을 것이다. 사소하건 그렇지 않건 간에, 어쨌든 우리는 우리가 지나쳐온 모든 곳들에 자그마한 흔적들을 남긴다. 그것은 지금까지, 지금, 그리고 앞으로도 계속될 것이다.

이것을 표현한 부분이 바로 $-1 \times x$ 이다. 나 자신을 k로 보았을 때 나 자신에서 1을 셀 수 없이 여러 번 빼는 것이다. 그렇게 수많은 흔적들을 남기며 살아가 언젠가 나는 0, 즉 죽음을 맞이하게 될 것이다. 모든 생명은 언젠가 죽는다는 것을 우리는 알고 있다. 모든 과정에는 끝이 있기에, 살아감과 죽어감이 같은 말이라는 것 또한 들어봤을 것이다. 그리고 끝을 향해 달려가고 있기에 그 두 가지 모두 뺄셈과 마찬가지라는 것도 이해할 수 있을 것이다.

우리는 언제 k가 동이 날지 알 수 없다. 우리에게 남은 시간이 과연 며칠이나 될 지 대충이나마 알고 있는 사람은 아마 시한부를 선고받은 환자밖에 없을 것이다. 그래서 우리는 애석해하며, 두려워하며 가끔은 오히려 안심하기도 하면서, 애써 죽음에 대한 생각을 삶에서 밀어놓고 살아간다.

'오늘만 살자'는 죽음에 관한 오랜 생각 끝에 내 나름대로 내놓은 조잡한 마음가짐에 대한 결론이다. 얼핏 들었을 때는 '어차피 죽는 것

대충 살자'는 뜻처럼 들릴 수도 있지만 속뜻은 정반대다. 사실은 언제 끝이 올 지 알 수 없기에 오늘을 더 치열하게 살아야 한다는 뜻이다.

사람은 항상 다가올 미래를 준비하며 살아가지만 가끔 그 미래 때문에 압사할 것 같은 중압감을 느끼기도 한다. 어쩌면 그 미래가 오지 않을지도 모르는데 그 내일 때문에 오늘을 포기하는 것이 어리석게 느껴져 좌절감이 들기도 한다. 오늘은 반드시 오늘을 위해 살아야 한다고 생각한다. 오늘 치열하게 사는 이유가 내일을 대비하기 위함이 아니라 진정으로 내가 추구하는 자아상을 실현하기 위함이 될 때, 지치고 힘든 하루를 보내고 나서도 뿌듯하고 행복할 것이다. 열심히 공부하는 나, 책을 읽는 나, 다른 사람을 돕는 나, 꿈을 이루기 위해 노력하는 나… 내일 당장 k가 0이 된다고 할지라도 오늘 내가 남긴 1이 내가 생각하기에 충분히 가치로웠다면, 오늘 밤 웃으면서 잠들 수 있다.

$$i \times i = -1$$

나의 좌우명은, '끊임없이 꿈꾸어라, 그러하면 이루리라'이다. 나는 이것을 수식 $i \times i = -1$을 이용하여 수학적으로 표현하고자 한다.

$i \times i = -1$. 이 식은 각 원소가 속한 영역으로 따지면 허수 곱하기 허수는 실수라는 개념으로 확장해서 생각할 수 있다. 따라서 나의 수학적 견해는 여기서 출발한다. 우리는 중학교 단계까지는 본래 모든 실수는 제곱을 하면 0 혹은 양수가 된다고 배웠다. 하지만 그 이상의 값인 제곱을 하였을 때 음수가 되는 수를 만들고자 했던 사람들은

그 수를 만들어 내기 위해 상상의 가정을 하게 되었고 그것이 허수 i로 나타났다. 물론 실제 허수의 등장 배경은 이 단순화된 가정과는 약간의 차이가 있다. '실제로 존재하지 않는 수'라는 이름을 가진 허수는 오른쪽과 왼쪽으로 한없이 뻗은 수직선 상 어디에도 존재하지 못했다. 하지만 오랜 시간 동안 계산이 불가능했던 방정식들을 풀기 위해 수많은 수학자들이 떠올린 허근의 존재가 데카르트(Descartes, 1596~1650)에 의해 'imaginary number' 상상의 수라는 이름을 가지게 되었던 것이다. 그리고 1770년 오일러(Euler)에 의한 $\sqrt{-1}=i$라는 허수의 단위를 가지게 되었다. 더 나아가 가우스(Gauss, 1777~1855)는 허수를 이용하면 모든 방정식을 풀 수 있다는 단계까지 허수는 이르렀다. 다만 여기서 문제는 허수가 아직 정작 수로 인정받지 못했다는 것이다. 그 후 허수가 이름을 가지게 된지 200년 무렵 지나 1800년, 노르웨이의 측량기사 베셀(Wessel)과 프랑스의 설계사 아르강(Argand)에 의해 기존의 수직선에 수직으로 존재하는 허수의 자리가 발견되면서, 허수는 인정과 동시에 수의 세계를 직선에서 평면으로 확장시켰으며 20세기 초에 다다라서는 슈뢰딩거 방정식에 있어서 양자역학의 기초를 이루었다.

그렇다면, 여기서 실수의 존재에 대해서도 짚고 넘어갈 필요가 있다고 생각한다. 실수는 유리수와 무리수를 포함하는 수를 의미한다. 실수에 속하는 유리수만 보더라도 1/3의 경우도 실제 생활에서 눈으로 만질 수 있는 수는 아니다. 단지, 우리의 머릿속에 하나의 사과를 동등하게 3등분하였을 때 한 조각을 의미하는 것처럼, 수의 많은 부분이 머릿속에 정리된 개념이라는 것을 염두 해두어야 한다. 그렇다면 이것이 허수의 존재와 무엇이 다른가도 언급할 필요가 있다.

실수의 경우 좀 더 먼저 발견된 즉 현실적으로 연결이 된 수라고 말하는 것이 적합하겠다. 따라서 인간의 머리에서 나온 현실과 밀접한 관련이 있는 것이 수이고 그것의 확장 과정에서, 실수에서 허수로 넓어져갔다는 것으로 이해할 수 있다.

정리하면, 「$i \times i = -1$」이 식은 초기에 좌우명을 위해 허수를 떠올렸던 나의 생각보다 더 의미를 부여해주는 식이었던 것이다. 즉, 단지 나에게 꿈꾸지 않는 것, 그것은 자신의 한계를 긋고 스스로를 가두는 일이라 경계하고자 했던 것, 늘 나아가고자 하는 방향으로 꿈꾸고자 하던 것, 그 꿈들이 방향을 잃어버리지 않도록 하나의 목표를 향해서 나아가고자 했던 것까지도 설명해주고 있는 식이다. 이처럼 허수가 흘러온 시간, 꿈꾸었던 자들이 만들어낸 성과처럼 나 또한 좋은 선생님이자 바른 인간이 되고자 끊임없이 꿈을 가지면서, 그것이 목표에 가장 가깝게 다가가는 한걸음 더 다가가는 것으로 믿으므로 「$i \times i = -1$」이 수식에 내 좌우명 '꿈꾸어라, 이루리라' 에 가장 가까운 수학이라 생각된다.

(X+A)(X+B)로 풀어보는 나의 좌우명

내가 생각하는 좌우명이란 인생을 살아감에 있어서 지표가 될 수 있는 문장 또는 단어를 뜻한다. 우리는 개인이라는 하나의 인간으로 인생을 살아가고 있지만 최종적으로는 개인과 개인이 모여 사회를 이루어 살아가기에 타협과 협동이라는 부분은 빼놓을 수 없는 부분이라고 생각한다. 따라서 이번 수식으로 나의 좌우명을 표현하는데 위에서 언급한 부분을 강조하자 한다.

우리는 4년간의 정규교육과정을 거쳐 초등학교 선생님이라는 직장을 가지게 된다. 초등학교도 사회의 한 구성을 담당하고 있으므로 다른 어느 집단과 같이 목표를 이루고자 할 때, 가장 큰 성취도로 이루는 것이 중요하다. 그렇게 함으로써 이 사회에 활력소가 되고 발전을 거듭할 수 있게 되기 때문이다. 그래서 나는 현재로서의 내 목표인 초등교사가 되고나서 진정한 사회에 뛰어들었을 때의 나를 상상해 보았다. 그 때는 지금보다 훨씬 다양한 사람을 만나게 될 것이다. 연령도 다양해 질 것이고, 사람들의 취향들도 많이 다를 것이다. 내가 맡게 될 학생들도 생길 것이니 그 많은 사람들에게 항상 도움을 줄 수 있는 사람이 되고 싶다. 그래서 이러한 생각을 수식으로 표현해 보았다.

우선, 변화하는 상황에 대처해서 그 사람에게 도움을 줄 수 있는 나를 X로 표현했다. 그리고 다른 사람 혹은 상황을 A와 B라는 문자로 표현했다. 여기서 다른 사람이 될 수 있는 것은 직장 동료, 내가 맡게 될 학생 등을 포함한다. 내가 만나는 상황을 (X+A)과 (X+B)로 둔다. 만약 더 복잡한 상황이 된다면 (X+A)(X+B)로 두 항이 곱해진 것으로 표현할 수 있다.위 상황을 정리해 본다면,

Daniel's theorem

나=X, 타인=A, 상황=B

내가 만나는 상황(일반적) : (X+A) or (X+B)

내가 만나는 상황(복합적) : (X+A)(X+B)

즉, $(X+A)(X+B)=X^2+AX+BX+AB$

이 된다. 여기서 우변을 해석하는 것이 나의 좌우명이 될 수 있다.

우선 4개의 항이 나온 것에서 내가 포함된 사회의 상황 속에서 4개의 다양하고 풍성한 결과를 이룬 것으로 볼 수 있다. 또 부분적으로 본다면 X^2에서 X는 나를 의미하기 때문에 이것은 원래 나의 정보보다 제곱만큼의 정보를 더 얻은 것이다. 이것은 내가 문제 해결에 참여함으로써 나 자신에게도 도움이 되는 상황을 말한다.

그리고 AX와 BX는 다른 사람과 내가 협동해서 어떤 일을 했을 때, 그 사람 각자와 내가 힘을 쓴 좋은 결과를 내 놓는다는 것이다. 마지막으로 AB는 나와 협동해서 어떤 일을 한 사람들 각자에게도 서로 도움이 된 상황을 표현한다. 이렇게 내가 사회에서 무슨 업무를 맡게 될 때 모두에게 도움이 되는 상황을 간단한 분배법칙을 통해 표현할 수 있는 것이다. 몇 년 후 내가 세운 좌우명대로 정말 이루기 위해 현재부터 열심히 살아가고 지금 역시 사람들에게 어떤 도움을 줄 수 있고, 그것이 그들에게 꼭 도움을 준다는 의미보다 그로 인해 나에게도 좋은 결과를 가져다준다는 것을 항상 잊지 않기 위해 노력해야겠다.

$1\times1\times1\times1\cdots\times1=1^n=1$

내 좌우명을 수식으로 표현하면 $1\times1\times1\times1\cdots\times1=1^n=1$로 표현할 수 있다. 사칙 연산 중에 굳이 ×(곱하기)를 써서 나타낸 이유는, 곱절이 된다는 의미를 담고 있다. 무엇이 곱절이 되느냐? 라는 질문에 대해 답하기 위해서는 곱해지는 1들의 의미에 대해서 먼저 소개해야 한다. 곱해지는 1들은 내가 살아가면서 겪는 수많은 경험들을 의미한다. 이 1에는 친구와 싸운 경험이 될 수도, 어머니께 꾸지람을 들은 경험이 될 수도, 시험을 망친 일이 될 수도 있다. 물론 기분 좋은 경험도 1에 해당할 수 있다. 생일 때 큰 축하를 받은 경험, 아플 때 간호해주시는 부모님으로부터 큰 사랑을 느낀 경험 등이 될 수도 있다. 그렇지만 처음에 굳이 좋지 않은 예를 먼저 든 이유는 그렇게 막상 겪을 때는 유쾌하지 않은 경험이, 오히려 시간이 더 지나고 돌아보면 내게 더 큰 도움이 되었기 때문이다.

좋지 않은 일들이 일어났을 때, 슬퍼해보고 이런 상황에서 극복하기 위한 고민을 해보는 과정에서 나는 더 성숙해 질 수 있었고 그런 일들이 있었기에 지금의 내 자신이 있는 거라고 자신 있게 말할 수 있다. 어려운 문제에 닥쳤을 때 '어떻게 이 문제를 해결할까?'라는 고민이 참 많은 도움이 되어왔고 앞으로도 될 것이라 믿는다. 하지만 한편으로는 고기도 먹어본 사람이 잘 먹는다고, 행복 역시 행복을 느껴본 사람이 잘 느낄 수 있다고 생각한다. 바탕이 되는 긍정적인 마음이 없다면, 극복하고자 하는 긍정 에너지가 없을 것이다. 따라서 1에는 좋은 일도 많이 포함되어야 좋을 것이라고 생각한다.

인생을 살아가는 목적은 결국은 수많은 경험을 내 것으로 받아드려 온전한 나를 완성시켜 가는 과정이라고 생각한다. 따라서 살아가면서 겪는 모든 경험과, 그 경험에서 느끼는 모든 감정들은 결국 이 세상에 단 한명밖에 없는 나를 만들어 가는 과정이라고 생각한다. 살아가는 순간순간 "나만"을 생각 하는 것이 아니라 어떻게 하면 "더 나은 내"가 될 수 있을까? 고민 하는 과정에서 사람은 성장하게 되고, 자신만을 생각하는 이기적인 사람이 아니라, 다른 사람들에게도 이상적인 사람이 될 수 있다고 믿는다. 하나하나의 경험들을 허투루 생각하지 않고 소중히 받아드리고 고민하며 살아간다면 인간이 이상에 다다르지 못할 이유도 없다고 생각한다.

$1 \times 1 \times 1 \times 1 \cdots \times 1 = 1$의 의미를 수많은 경험들을 받아들여 내 안에서 조화를 이뤄 온전한 나를 만드는 것으로 정리할 수 있다. 또한 여기에서 의미를 더욱 확장시킬 수 있는데, 이 1들을 나의 경험들만이 아니라, 이 세상에서 존재하는 한 개개인이라고 바라본다면 위의 수식은 온 세상 사람들이 조화됨을 의미한다. 이때 말하는 조화는 사람들 모두가, 자신만을 생각하는 것이 아니라 어떻게 하면 더 나은 사람이 될 수 있을지를 고민하며 살아간다면 결국은 자신이 옳다고 믿는 것과, 다른 사람이 옳다고 믿는 것이 조화를 이룰 거라 생각한다는 의미이다.

사람마다 처한 환경과 성장배경은 모두 다르겠지만, 결국 진리는 하나로 통한다고 믿는다. 우선은 좋은 경험, 나쁜 경험 막론하고 내가 경험하는 모든 경험이 내 안에서 조화를 이루었으면 좋겠고, 그렇게 다들 온전한 자신을 발견한다면 이 세상 역시 조화를 이룰 수 있을 거라 생각한다.

$$y = \frac{(x \times z)^2}{w} \times v$$

나의 좌우명을 수식으로 표현한 위의 식에서 y는 어떤 일의 결과물을 나타내고 x는 의지력 w는 감정 z는 노력 v는 재능을 의미한다.

사람은 누구든지 어떤 분야에서든지 재능이 있기 때문에 v는 0이 될 수 없다. 그래서 사람이 어떤 일이 하는 것에 있어 결과물이 0이 될 수는 없다.

분모에 w 즉 감정을 배치한 이유는 내가 어떤 일을 하는데 있어서 감정의 영향을 크게 받기 때문이다. 그리고 기쁨의 감정을 +, 슬픔의 감정을 -로 약속하였다. 나는 평상시에 슬픔이 클수록 일을 그르치기 때문에 되도록 슬픔을 억누르려고 한다. 그렇다고 해서 기쁨을 과도하게 느끼면 실수가 잦아지는 경향이 있기에 이 또한 어떤 일에 크게 영향을 미칠 수 있다고 생각하여 기쁨도 크게 높아지면 안 된다고 생각한다. 그래서 나는 좌우명 중 하나는 일을 처리할 때 감정을 내려놓고 객관적으로 관찰하자는 것이다. 그러나 나도 인간이기에 감정이 완전히 0의 상태가 될 수 없으므로 최소화해야 한다고 생각한다.

또한, 나는 재능보다는 어떤 의지력과 노력이 일의 결과를 결정짓는다고 생각한다. 그래서 곱셈의 법칙에서 0과 곱해지는 수의 결과물은 다 0이듯이 노력이나 의지력 중에서 하나라도 0이 되는 순간 모든 것이 0으로 돌아가니 어떤 것도 0이 되지 않게 열심히 의지력과 노력을 가지고 모든 일에 접근해야 한다는 의미로 두 가지를 곱해서 제곱하는 방법으로 표현했다.

결론적으로 수식으로 표현한 나의 좌우명에는 감정을 최소화로 하되, 누구든지 재능은 있으니 재능에 대해 자신감을 가지고 노력과 의지력을 가지고 모든 일에 성실히 임하자는 뜻이 담겨있다.

내 사전에 불가능은 없다.

함수 $y=f(x)$의 $x=a$에서의

$$f'(a)=\lim_{\Delta x\to 0}\frac{\Delta y}{\Delta x}=\lim_{\Delta x\to 0}\frac{f(a+\Delta x)-f(a)}{\Delta x}=\lim_{x\to a}\frac{f(x)-f(a)}{x-a}$$

이다.

$f'(a)$는 미분계수(순간변화율)로서, 곡선 $y=f(x)$ 위의 점 $(a, f(a))$에서 접선의 기울기를 의미하기도 한다. 이것이 의미하는 나의 좌우명은 '내 사전에 불가능은 없다.'이다.

나는 미분계수에서 곡선을 내가 겪었던 고난과 역경에 빗대어 생각하였다. 그때 곡선에 접선을 그렸을 때의 선 하나하나를 고난을 극복한 것에 비유하였다. 더 쉽게 설명하면 한 마리의 애벌레가 마치 롤러코스터처럼 위 아래로 휘어져 있는 굴곡진 길을 기어가는데, 앞으로 얼마나 힘들지 조차 모르는 상황에서 열심히 노력하며 좌절하고 고민하지만, 사실 그 곡선은 무수한 직선들이 밑에서 받쳐주고 있는 것이다.

즉, 내가 힘들어하고 좌절했었던 많은 고난들은 시간이 흐른 후 다시 생각해보면 모두 해결할 수 있었던 사소한 일들이었다는 의미이다. 그래서 나의 좌우명 '내 사전에 불가능은 없다.'를 미분계수 $f'(a)$로 표현한 것이다.

$$F(D) = \sum_{t=1987}^{2014} f(t) + \int_{2014}^{D} f(t)dt$$

· t : 인생의 시간, 연도(1987년도에 출생)

· D : 미지수, 죽을 때의 시간

· f : 살면서 얻는 지식·지혜

· F : 인생 전체를 통틀어 내가 얻게 된 인생의 지식·지혜, 인생의 의미

사람들은 많은 지식을 얻기 위해 끊임없이 노력한다. 나 역시 2013년까지는 그런 사람 중 한명이었다. 초등교사라는 새로운 목표를 위해 남들보다는 비교적 뒤쳐진 시기에 치열하게 공부하고, 수능을 치르고 난 뒤 처음 드는 느낌은 '후련함', 그리고 '허무함'이었다. 10개월 동안은 살면서 가장 치열하게 공부했고 결국 원하는 목표를 이루었다. 그러나 허무한 느낌이 드는 것이 왜인지 그 이유를 알기까지는 시간이 조금 걸렸다. 나는 오직 나 자신을 위해서만 공부했다. 내가 조금 더 행복한 삶을 살기 위해서, 그, 목표를 이루기 위해 필요한 지식을 습득했다. 필요에 의해 공부했고, 그 단기적 목표를 이루고 나서는 보상심리에 마음껏 쉬었다. '허무함'은 '나'만을 위한, '필요'에 의한, '지식'의 습득에서 오는 것이었다.

이는 수학에서의 '이산'의 의미와 통하므로, 이산적 합계인 시그마를 사용하여 아래와 같이 표현하였다. 내가 태어난 1987년부터 2014년 초 까지는 지식·지혜(함수 f(t))를 필요할 때에만 얻고자 하여 그것들이

모인 것이 내가 살면서 얻은 지식·지혜의 합이었다.

$$\sum_{t=1987}^{2014} f(t)$$

이유를 찾고 나서는 이 허무한 느낌을 지우기 위해 무엇을 해야 하는지, 어떤 점을 고쳐야 하는지 생각해 보았다. '나'만을 위한 것이 아니라 '모두'를 위한, '필요'에 의한 것이 아니라 '언제나' 할 수 있는, 단지 '지식'의 습득뿐만 아니라 '지혜'를 얻어야 했다. 그 지혜는 삶의 모든 순간에서 얻을 수 있음을 깨달았다. 사람과 사람 사이에 일어나는 일상 속의 다양한 사건들에서도 배울 점이 많았다. 그 동안은 이런 일상의 일들을 사건 그 자체로만 여기고 그 속에서 무언가를 얻으려 하지 않았던 것이다

그래서 결심한 것이, 올해 2014년부터는 내가 살아있는 매 순간의 모든 일들에 의미가 있고, 그 속에서 사소하더라도 하나의 지혜를 얻을 수 있도록 하자는 것이다. 이는 수학에서 '연속'의 의미와 통하므로, 연속적 합계인 Integral을 사용하여 아래와 같이 표현하였다.

$$\int_{2014}^{D} f(t)dt$$

내가 죽는 날(D)에는 '지식이 많았던 사람' 보다는 '지혜가 많았던 사람'으로 기억되고 싶다.

1+1=1이 되는 삶을 살고 싶다.

생활수학 수업시간에 교수님께서 1+1은 얼마가 될까? 그것이 얼마가 되는지 나의 생활과 대입해서 설명해보라고 하셨다. 그래서 그때는 모르겠다고 대답해버렸는데 지금 가만히 생각해보니, 나는 1+1=1인 삶을 살아가려고 노력해야하는 사람인 것 같다.

나는 지금까지 너무도 욕심 많은 생활을 해오고 있었다. 남들이 다니는 학원은 모두 다녀야 한다고 생각했고 피아노, 미술, 서예, 체육 등 모든 것을 잘하기를 원했다. 그러나 지금의 나의 모습을 보면 어느 방면에서도 잘하는 것은 하나도 없다. 그래서 지금은 너무 후회하고 있다. 옛말에도 사람은 한 우물을 파야한다는 이야기가 있다.

이제는 무엇을 배우더라도 원래 가지고 있는 것과 별개로 생각하지 않고, 가지고 있는 기술을 발전시키는데 새로 배우는 것을 활용하고 배우도록 노력할 것이다. 그렇게 되면 나의 1+1은 다른 수가 되는 것이 아니라 원래의 수 그대로 1이 되는 것이다. 그런데 여기서 주의해야 할 것은 처음의 1과 답에서의 1은 하나라는 의미에서는 같은 값이라고 할 수 있을지는 모르겠지만 성격을 살펴보면 엄연히 다른 1이다. 예를 들어 설명해 보면 처음의 1은 땅콩 한 알에 비교되어지고 다음의 1은 땅콩이 2개 들어있는 그 땅콩 하나이다. 다시 이 땅콩을 1로 보면 완두콩과 같이 하나의 껍질에 여러 개의 콩이 들어 있는 것을 답에서의 1로 설명할 수 있다. 즉 답에서의 1은 처음의 '1'이라는 숫자보다 더욱 큰 의미를 지닌 숫자로 변형되는 것이다.

1+1=1에는 또 다른 의미가 내재되어 있는데, 우리는 혼자 살아가는

것이 아니라 여러 사람들과 만나서 사회생활을 하고 있다. 그러므로 살아가는 동안 참으로 많은 사람들을 만날 것이며 여러 집단의 일원이 되어 함께 많은 일을 해야 할 것이다. 이런 때 나는 내가 들어간 그 집단에서 다른 사람들과 잘 조화를 이루며 살아가고 싶다. 그래서 나를 1로 보고 집단을 1로 보았을 때 내가 소속된 집단이 다시 1이라는 답으로 나오는 것처럼 나와 집단이 따로따로 분리된 것이 아니라 하나가 된다는 의미이다.

이처럼 나의 주관적인 수의 해석으로 보면 1+1=1이 되고 앞으로는 이것을 실천할 수 있는 삶을 살도록 노력할 것이다.

1+1=?

일반적인 상식으로는 1+1=2이다. 하지만 나는 1+1을 '현재 우리나라의 상황'이라는 관점에서 바라보았다. 한국은 오늘날 세계에서 유일한 분단국가이다. 그리고 개인적으로 지금은 비록 남한과 북한으로 나뉘어져 2개의 국가로 존재하지만 이 두 국가는 한 민족이며 통일되어야 한다고 생각한다. 이런 의미에서 나는 1+1은 2가 아니라 1이라고 생각한다. 여기서 각각의 1은 남한과 북한이며 더해진 1은 통일된 남북한이라는 의미를 가지고 있다. 그리고 조금 더 나아가면 이 식의 답인 1도 2가지의 의미로 해석이 가능하다. 먼저 단지 2개의 국가가 1개의 국가, 한 명의 최고 통치 지도자, 단일한 통치 이념으로 합쳐졌다는 의미일 수 있다. 하지만 또 다르게는 더 나아가 문화, 사람들의 사고, 인식까지도 공유가 되었다는 의미가 될 수도 있다.

그런데 요즘 1+1=1이 아닌 그저 1+1=2인 지금의 상황을 지지하거나 그저 무관심한 사람들이 적지 않다. 이는 통일이 자신에게 별로 도움이 되지 않는다는 생각을 가지고 있기 때문이다. 실제로 한 설문조사에서는 '국가에 이익이 된다.'의 응답은 60.5%였지만 '통일이 내게 이득이 되는가?'의 질문에 긍정의 대답을 한 사람은 34%에 불과하다는 결과가 나왔다. 하지만 시야를 더 넓혀 본다면 장기적으로 통일은 국가뿐만 아니라 우리 자신에게 큰 이득이다. 그 이득들 중에는 먼저 이산가족의 상봉과 치유를 들 수 있다. 영화 '국제시장'에서 보여진 것처럼 이들의 슬픔과 고통은 이루 말할 수 없다. 현재 등록된 이산가족의 수는 약 13만 명으로 이는 결코 적지 않은 숫자이며, 꼭 해결되어야 할 문제이다. 그리고 또 다른 이득은 바로 일자리 창출이다. 오늘날 우리 사회는 일자리가 부족하여 청년 실업의 문제가 심각하다. 하지만 통일을 하게 되면 새로운 지역 개발을 통한 일자리 창출이 가능해지면서 실업 문제가 다소 해결될 수 있다.

이처럼 남북통일은 우리 국민들에게 있어서 일방적인 희생이나 손실이 아니라 상호배려와 이익이다. 그러므로 1+1=2인 현실에서 1+1=1인 미래로 나아가야 한다고 생각한다.

1+1=2가 아니라 ∞(양의 무한대)이다.

나의 좌우명을 나타내는 위의 식에서 1+1의 1은 개인, 즉 '너와 나'를 뜻한다. 그리고 그 합이 무한대가 된다는 말은 혼자선(나) 이루지 못할 일이라도 누군가(너)가 함께 해준다면 그것은 단순히 2(너와 나의 물리적인 합, 눈에 보이는 성취)가 되는 것이 아니라 무한한 가능성, 함께 함으로써 그 힘이 더욱 커지는 시너지가 발생할 것이라는 뜻이다. 속담 '백짓장도 맞들면 낫다'에서도 예로부터 쉬운 일이든 어려운 일이든 함께 극복했던 선인들의 지혜를 읽을 수 있다. 세상을 살 때 저 혼자만의 힘으로 모든 것을 해결할 것이 아니라 주변 사람들을 믿고 함께 힘을 합치며 사는 것이 가장 중요하다 생각하여 이 말을 제 좌우명으로 삼게 되었다.

노력과 인내, 실패의 합집합은 성공이다.

성공은 단 한 번에 쉽사리 이루어 지지 않는다. 쉽사리 이루어 졌다고 하더라도 그런 성공은 다시 쉽사리 무너지기 마련이다. 진정한 성공의 요소로는 첫째로 노력을 들 수 있다. 노력으로 일궈낸 성공은 쉽사리 무너지지도 않을 뿐더러 자신에게 엄청난 성취감이 되어 돌아온다.

두 번째 요소로는 인내가 있다. 사람들은 항상 성공이 1% 남았을 때 포기한다고 한다. 아침에 가장 가까울수록 가장 어둡다는 이야기가 있듯이 진정한 성공을 위해서는 남은 1%를 견딜 수 있는 인내가 필요하다.

세 번째 요소로는 실패가 있다. 물론 무조건 실패만 한다고 해서 그것이 성공의 발판이 될 수는 없다. 그 실패를 통해 쓸모없는 것은 걸러내고 고갱이만 걸러내어 성공의 밑거름이 되도록 노력해야 할 것이다.

이렇게 노력 인내 실패 세 가지 요소들이 합해진다면 그 벤다이어그램의 합집합은 성공으로 탄생하게 될 것이다.

÷=+

사람들은 무언가를 나눈다고 하면 나에게 돌아오는 크기가 작아지기 때문에 손해 본다는 생각을 갖기 쉽다. 그러나 조금만 더 생각해보면 무언가를 나눈다는 것은 내 것을 잃는 것이 아니라 오히려 내가 더 가치 있는 무언가를 얻을 수 있는 소중한 일이다.

조금 더 수학적으로 이야기해보자면, 1을 자연수로 나누면 그 수치가 작아지지만, 진분수로 나누게 되면 그 값은 커지게 된다. 그러므로 우리의 삶에서 나눔은 자연수가 아니라 아마도 진분수일 것이다.

나는 믿는다. 나누고 베풀수록 내 삶은 더욱 풍요로워질 것이라는 것을. 그것이 물질적으로든, 정신적으로든 나를 더욱더 풍요롭게 해줄 것이라는 것을. 그래서 내 능력이 되는 범위 내에서 누군가에게 항상 도움을 주며 살고 싶다. 그것이 나에게도, 그에게도 우리 모두에게 플러스가 되는 일이기 때문이다. 내가 말하는 나눔이란 커다란 나눔만을 의미하는 것이 아니다. 아주 소소한 나눔도 소중한 것이다. 먹을 것을 주위사람들과 나눠먹고, 무엇이든 많이 가지려 욕심내기보다 내게 정말로 필요한 만큼만 가진 뒤, 나머지는 사람들에게 나누어 주는 일까지 일상에서 얼마든지 실천할 수 있는 일들이 많다.

나눔을 통해 우리는 무언가를 잃는 것이 아니라, 어떠한 형태로든 내 삶에 플러스적인 요인을 얻게 된다. 그러므로 항상 나눔을 실천하는 삶을 통해 내 삶을 조금 더 행복하고 풍요롭게 만들어 보는 건 어떨까? 이를 위해 나 자신부터 무언가를 조금이라도 더 가지려 애쓰기보다는 나의 것을 남들에게 나누고 베풀 수 있는 사람이 되도록 노력해야겠다.

30=20+10

자신의 한계를 인정하고 겸손하게 살자.

사회적으로 30살에게 기대하는 역할은 자기 영역에서 자신의 일을 하는 것이다. 경제적으로도 학생 때보다 여유가 있고 안정감도 생기는 시기이기도 하다. 그런 30살의 나이에 다시 교대에 들어왔기에 나는 지난 20대와 전에 학교에서의 과오를 다시 밟지 않기 위해서 지금 내 나이와 위치가 30살이라고 생각하지 않고 스무 살 더하기 열 살이라고 생각하기로 하였다.

스무 살의 의미는 말 그대로 20살, 대학교 1학년의 패기와 열정의 초심을 잃지 말자는 의미다. 처음부터 제대로 배우기 위해 20살의 초심으로 돌아가자는 뜻이다. 더하기 열 살은 지난 10년간의 실패의 경험을 통해서 얻은 소중한 교훈을 잊지 말자는 의미다. 목표로 하는 학교가 있어서 꽤 오랫동안 수능 공부를 했지만 뜻대로 되지 않아 결국 포기하였었다. 군대를 갔다 온 거 말고는 이루어 놓은 게 없는 20대가 되었다. “가지고 싶은 것을 갖는 것은 행복한 것이다. 하지만 가질 수 없는 것을 원하지 않는 것은 더 큰 행복이다”라고 한 그리스 철학자의 말처럼 과도한 이상에서 벗어나서 나 자신에게 맞는 목표를 정하고 거기에 맞는 성취를 차근차근 이루어 나갔더라면 지금의 나의 모습은 많이 달라졌을 것이라고 생각한다. 거듭되는 실패는 나에게 겸손의 미덕을 가르쳐 주었다. 비록 남들보다 10년 늦게 교대 생활을 시작했지만 20대의 열정과 패기 그리고 지난 10년 동안의 많은 실패를 통해 얻은 겸손의 미덕을 잘 조화시키고 균형을 유지한다면 앞으로의 나의 삶은 지난 세월과는 달리 좀 더 밝고 희망적이고 행복할 것이라고 생각한다.

$$\lim_{n\to\infty}\frac{1}{n}=n+1$$

$\lim_{n\to\infty}\frac{1}{n}=n+1$이 식은 수학적으로 옳지 않다. 수학적 정의에 따른 답은 0이 되어야 한다. 분모가 무한대로 클 때 그에 비해 1이라는 숫자는 매우 미미하므로 1이 무시되어 0이 되는 것이다.

하지만 나는 여기에서 무한대를 다수의 의견, 1을 소수의 의견이라고 생각해 보았다. 이 때, 답을 0으로 낸다면 다수의 의견은 소수의 의견을 무시하여 0으로 만드는 것이 된다. 하지만 나는 다수의 의견이 아무리 많더라도 소수의 의견을 무시하지 않는, 다수의 의견 n과 소수의 의견 1을 모두 고려한 n+1로 답을 내 보았다.

철학자 밀은 자유론이라는 책에서 다수자의 의지가 소수자의 이익 또는 행복을 억압해서는 안 된다고 말했다. 또한 소수의 의견이 진리가 아닐 때도 그 의견을 검토해야 진리가 더욱 빛나고, 소수의 의견이 진리일 때, 그 의견을 받아들여야 진리로 알고 있던 거짓에서 벗어날 수 있다고 했다. 나도 역시 소수자의 의견이 인간의 존엄성을 해치지 않는 범위라면, 충분히 고려해 주어야 한다고 생각한다. 나는 나와 다른 가치관, 나와 다른 환경 속에서 살아온 많은 소수자 각각의 창의적인 의견을 무시하지 않는 그런 교사가 되고 싶다.

하지만 교수님께서 조언을 해주셔서 위의 설명에서는 두 가지의 수정할 점이 있음을 발견하였다.

1. 무한대 속에 1이 속한다는 오류를 고쳐보자.
2. 다수의 의견은 정해진 값임을 나타내게 고쳐보자.

$$\frac{c}{I(n)} = 1 + c(n \gg c)$$

I(n)은 identity(n) 즉, 다수의 정해진 의견을 말한다. c는 상수로, 소수의 의견을 뜻한다. 이 때, n은 c보다 훨씬 큰 값이라고 조건을 달아서 c보다 큰 값인 다수임을 나타낸다.

18을 반으로 나누면?

살다보면 힘든 일이나 슬픈 일이 종종 생기곤 한다. 우린 그런 경우 가끔 욕을 하기도 한다. 십팔... 이러면서 말이다. 그 십팔(=18)을 반으로 나누면 무엇이 될까?

$$18 \blacktriangleright \cancel{18} \blacktriangleright \frac{10}{10} \blacktriangleright \frac{10}{10} = 1$$

위와 같은 방법으로 18을 반으로 나누면 1이 된다. 1은 모든 수의 처음인 만큼 새로운 시작을 의미한다. 이처럼, 힘들고 괴로운 일(18)을 함께 나누면 다시금 새로운 시작(1)을 할 수 있는 힘을 얻게 할 수 있다. 나는 주변에 힘든 일을 겪고 있는 사람이 있다면, 그것을 함께 나누어 새로운 마음으로 다시 시작할 수 있도록 도울 수 있는 그런 사람이 되고자 한다.

5!=1+119

나는 대구교육대학교에 들어와서 즐거움과 열정이 넘치는 상태다. 그래서 이 넘치는 즐거움을 표현하기 위해서 감탄사 '오' 와 소리가 같은 숫자 5를 선택하였다. 그리고 감탄사를 표현할 때 사용하는 문장부호 느낌표와 표기가 똑같은 팩토리얼(!)을 이용하였고 따라서 좌변을 5!(5 팩토리얼)로 표현하였다.

5!을 계산하면 5! =1*2*3*4*5 이므로 그 값은 120이다. 120은 1과 119를 더한 수로 바꿀 수 있다. 1은 이 식에서 내 자신을 의미한다. 내가 가진 열정이 구급차에 실려갈 만큼 크다는 의미를 담고 싶어서 구급차를 의미하는 119와 내 자신을 의미하는 1을 더하여 120을 표현해 보았다.

위와 같은 이유로 내가 대구교육대학교에 입학하고 난 후 넘치는 즐거움과 열정을 재미있게 5!=1+119로 표현해 보았다.

$1+1\times1-1\div1=1$

내 좌우명은 '행복은 찾는 것이 아니다.'이다. 그 동안 부끄럼 많고 자신감 없는 사람으로 살아왔다. 하지만 어느 날 내 콤플렉스라고 생각하며 자책했던 부분을 똑같이 가진 다른 친구에겐 정말 사랑스러워보였을 때, 나 또한 이렇게 숨길 필요 없다는 생각이 들었다. 그래서 점점 생각을 바꾸어 지나치게 검열하고 부끄러워하지 않고 나 자신을 사랑하면서 행복을 찾기보다 있는 그대로 충분히 느끼면서 살기로 결심했다.

이러한 생각으로 해당 수식을 만든 이유는 첫째로, 삶은 더하고 나누고 복잡하게 생각하며 흘러간다. 하지만 이런 일들을 모두 곧이곧대로 부딪히기보다 '복세편살(복잡한 세상 편하게 살자)'을 실천하며 살아가는 것도 나 자신에게 유익한 태도일 수 있다고 생각한다. 지난 날 동안 많은 것을 포기하며 스트레스 가득한 생활을 했지만, 어느 순간 나는 당연히 잘 할 수 있다고 스스로 세뇌하게 되었고, 이후로는 그런 마음가짐 덕분인지 실제로 일이 잘 풀렸다.

둘째로, 우리는 각자가 생각하는 행복한 일(1)을 위해 살아가지만, 행복한 일(1)은 우리 곁에 매일 있다. 그러니 보이지 않는 곳에서 찾으려고 하지 않고 내 옆에 가득한 행복을 만끽하는 것이 중요하다. 물을 쏟아도 '앗 차가워'보다 '아 시원해'하는 마음, 옷에 물감이 묻어도 '앗 더러워졌다'보다 '어 하트모양이다'하는 마음이 나를 행복한 사람으로 만들어 준다고 생각한다.

그래서 나의 좌우명을 수학을 이용해서 나타내면 $1+1\times1-1\div1=1$

이다. '나'에 대해 깊게 고민해서 만든 만큼 오랫동안 마음에 새겨두고 살도록 노력할 것이다.

20살$+\alpha=\infty$, 20살$+\alpha=0$

α는 첫째가는 것, 처음의 뜻으로 쓰인다. 또 어떤 미지수의 뜻으로 '플러스알파' 등의 표현으로 쓰인다고 한다. 그리고 자모의 마지막 자인 오메가(Ω, ω)와 합하여 영어에서 알파와 오메가라 하면 '시종·전부·총체'라는 뜻이 된다는데 이것을 통해 **숫자 1(一)**을 생각하게 되었다. 一은 하나, 즉 개개인을 의미하는 가장 작은 수로 보일 수도 있지만, **'一국을 흔든다.'**는 말을 들어 보았는가? 여기에서 一은 전체를 의미하는 전부 총체가 되는 것이다. 교수님께서도 숫자 1의 의미는 다양하고, 그 예로 중국을 들어주셨다. 그들은 오로지 1을 향해 나아갔다고 하셨다. **통一** 말이다. 하나가 된다는 의미와 전체가 모여야 하나가 될 수 있듯이 말이다. 그래서 나의 좌우명을 다시 말해보자면 α는 노력과 창의적인 생각 보다는 내가 나아가야 할 곳이다. 즉, 누군가가 보았을 때 성공한 삶이 아니라 내가 만족하고 자신감이 넘치는, 내가 온 몸을 다해 도달할 곳이다.

그렇다면 0은 무엇으로 두어야 하는가? 앞서 α를 '나만의 도달점'으로 두었다. 그렇다면 그 결과값은 항상 ∞이 나와야 할 것이다. 그런데 왜 0이 되는 것일까? 앞서 나와 비슷한 발표를 했던 친구들의 의견을 들어보면 노력을 하지 않으면 0이 될 것이다... 남는 것이 없을 것이다… 등 이런 식의 의견이 많았다. 하지만 나는 원하는 α로 결과값이 0이 나오기도 한다. 0은 초등수학 개념사전을 보면 인류 문명의 발전에 가장 큰 영향을 미친 숫자라고도 한다. 또한 '아무것도 없음', '시작점'을 나타내기도 한다. 많은 학생들은 아무것도 없음 '無'에 의미를 두었다면 나는 후자(시작점)에 의미를 두었다. α까지 갔는데 다시 시작점으로 돌아온다면 물론 허탈하고 지치고 힘들 것이다. 하지만 사람의 행복지수를 곡선으로 나타낸다면 굴곡이 하나도 없이 평탄할 수는 없다. 마찬가지로 나 또한 20살까지 성장해 온 과정뿐만 아니라 이 레포트를 쓰는 지금도 내 삶의 하나의 과정이다. 그래서 내 삶에서 이리저리 굴곡이 많을 지라도 시작할 수 있는 곳은 항상 존재한다는 희망을 나타내고 싶다.

경험은 나를 긍정적으로 성장하게 한다.

나의 좌우명 '경험은 나를 긍정적으로 성장하게 한다.'를 수식으로 나타나면 $|a+b| > 0$ $(a > 0,\ b < 0)$와 같이 표현할 수 있다. 수식의 각 구성요소 설명하자면 다음과 같다.

(1) a : 0보다 큰 것. 즉, +를 의미한다. 인생을 살며 경험하는 많은 일들 중에 경험할 당시 긍정적인 경험이라고 생각되는 것이다.

(2) b : 0보다 작은 것. 즉, −를 의미한다. 인생을 살며 경험하는 많은 일들 중에 경험할 당시 부정적인 경험이라고 생각되는 것이다.

(3) $a+b$: 긍정적인 경험과 부정적인 경험이 인생을 살아가며 함께

존재 한다는 것을 의미한다.

(4) $|\ |$: 절댓값. 인생을 살아가며 긴 안목을 가지고, 인생 전반에서 내가 경험한 것들에 절대적인 가치를 나타내는 것이다.

(5) $|a+b| > 0\ (a > 0,\ b < 0)$: a와 b가 0이 아닐 때, 절댓값을 씌운 식은 항상 0보다 크게 된다. 즉, +가 된다. 이것은 인생 전반적 측면에서 절대적인 가치를 매긴다면 항상 긍정적인 영향을 준다는 것을 의미한다.

따라서 이들을 구성요소로 하는 수식에 대한 설명은 다음과 같다. $|a+b| > 0\ (a > 0,\ b < 0)$에는 단기적으로는 긍정적인 경험(a)과 부정적인 경험(b)이 혼재하며 살아가고 있다. 하지만 시간이 지나 인생 전반적인 측면으로 시선을 돌려 각 경험들의 절대적인 가치($|\ |$)를 생각해 보면, 항상 긍정적·부정적 경험 모두 결국에는 긍정적인 영향을 미친다(>0)는 의미의 수식이다.

공부에 대한 태도

아래의 그래프는 전체적으로 봤을 때는 위로 상승하는 곡선이다. 따라서, “꾸준히 노력하는 것이 내가 공부를 대하는 태도이다.” 라고 설명할 수도 있겠지만, 나는 이 그래프를 세 부분으로 나누어 설명할 것이다. 첫 번째 부분은 $-\infty < x < 0$인 부분이다. 이 부분은 기울기가 양수이지만, 조금씩 줄어들고 있음을 알 수 있다. 두 번째 부분은 $x=0$인 부분이다. 이 부분에서는 기울기가 0이 된다. 세 번째 부분은

0<x<∞이다. 이 부분에서 기울기는 꾸준히 증가한다. 나는 기울기를 나의 노력으로 보았고, x좌표는 시간, y좌표 결과로 보았다.

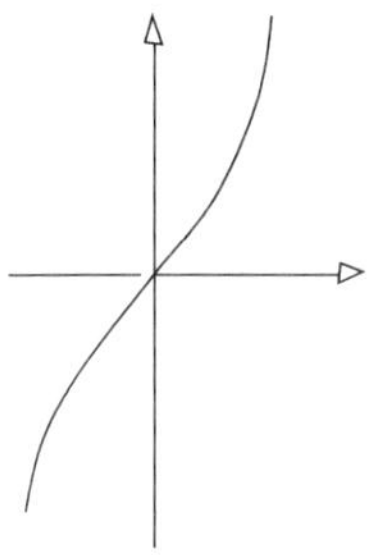

나는 어릴 때부터, 공부가 정말 좋았다. 새롭게 무언가를 안다는 것이 매력적으로 느껴졌기 때문이다. 그래서 내가 하고 싶은 공부를 적극적으로 찾아서 배우고, 이를 알고자 하는 친구들에게 다시 가르쳐주는 것이 내 일상이었다. 이 모든 것은 초등학교 6학년 때까지만 이었다. 중학교에 입학한 후로부터는 왜 공부를 해야 하는지에 대해 의문을 가지기 시작하였고, 공부를 하긴 했지만 예전만큼 의욕이 생기지 않았고, 무엇보다 즐겁지 않았다. 공부를 한 이유는 부모님을 실망시켜드리지 않기 위해서였다. 속에 담아두고 있던 이런 마음들은 중3 이후로 터지기 시작했다. 더 이상 공부를 하고 싶지 않았다. 나는 초등학교 입학 전부터 교사가 꿈이었다. 하지만, 교사도 하고 싶지 않았고, 공부 외의 다른 길로 나아가고도 싶어 실업계 고등학교를 들어갈까도 생각했지만, 부모님에게 염려를 끼쳐드리고 싶지 않아 인문계 고등학교에 들어가게 되었다. 중학교 때 어느 정도 공부를 했기 때문에, 고등학교 공부에 도움이 되긴 되었다. 하지만, 고등학교에서는 중학교 때와 달리, 벼락치기로는 성적이 나오지 않았다. 나는 점점 공부랑 멀어지고, 선생님과 말싸움을 하기도 하고, 꿈이 없어지고 그런 고등학교 삶을 보냈다. 그리고 내가 정신을 차리게 된 계기는 고3 때의 '수능'이었다. 수능 성적표는 그야말로 충격이었다. 부모님께서는 내가 고등학교 성적표를 한 번도 보여 드린 적이 없어, 중학교 때 이후로 처음 성적표를 보셨는데 너무 충격이셔서 한 동안 앓아누우셨다. 너무 죄송하고, 자존심도 상하고, 이렇게 그냥 대학을 가서는 미래가 없겠다 싶어 재수를 하게 되었고, 그 결과 대구교대에 입학할 수 있게 되었다.

이러한 공부에 대한 나의 태도를 저 그래프에 투영해본다면 이렇게 된다. $-\infty < x < 0$인 부분은 초등학교와 중학교 때라고 할 수 있다. 처음에는, 급한 기울기처럼 적극적인 노력으로, 그 결과를 달성하였다. 하지만 점점 기울기가 감소하는 것처럼, 나는 소극적인 노력을 통해, 어느 정도의 결과를 달성하게 되었다. $x=0$인 지점은, 내가 느끼기에 시간이 정지한 순간이고, 이는 고등학교 시절이다. 아무런 노력도 하고 싶지 않았고 따분한 일상에 불과했다. $0 < x < \infty$은 고3 시절 수능을 친 이후의 시간이다. 그 후로 점점 적극적으로 노력을 하기 시작하였고, 노력한 만큼 결과를 받았다. 현재 내 시간은 점점 가고 있으며, 나는 앞으로도 적극적으로 고민하고 문제를 해결해 나가는 삶을 살 것이다.

부모님께 감사하는 마음

부모님께 감사하는 마음을 수식으로 나타내면 다음과 같다. $\lim_{n\to\infty}(1+\frac{1}{n})=1$. 그 이유를 지금부터 설명하고자 한다.

성인이 되고 나서 부모님은 어떻게 사셨는지, 부모님 관점에서 나는 어떻게 살아왔는지에 대해 들었다. 나는 공부가 재밌고 가르치는 것이 좋아, 초등학생이 되기 전부터 스스로 배우고 싶은 것을 찾아 배우고, 배운 것을 친구들에게 가르쳐 주는 것이 습관이 되었다. 하지만, 고등학교에 입학하면서 성적도 마음대로 안 나오고, 세상이 삐뚤게만 보였다. 그로 인해 부모님 가슴에 대못을 박은 일이 한두 번이 아니다.

부모님이 나에게 대하신 태도를 함수로 표현해보면 'y=f(x)' 즉, '부모님의 태도=f(나의 태도)=k'로 나타낼 수 있다. 이는 '나의 태도가 아무리 변하더라도 부모님은 언제나 나에게 사랑(k)으로 일관하셨다.'는 의미이다. 그럼에도 불구하고, 나는 철이 없던 나머지 이를 알아채지 못하고, 엄마가 날 언제 신경 썼냐며 소리쳤던 적이 있다. 죄송한 마음과 항상 감사하는 마음을 담아 수학적으로 나타내보기로 하였다.

나는 우리 가족이 잘 사는 줄로만 알았다. 부모님께서 내가 원하는 것(다니고 싶은 학원, 갖고 싶은 물건)을 다 지원해주셨기 때문이다. 부모님이 뼈를 깎는 고통을 겪고 계심에도 불구하고 나는 부모님께서 자식들을 위해 살고 계신다는 점을 정말 알아차리지 못했다. 그래서 부모님에게 막 대하기도 하고, 왜 내 삶은 이런 걸까 하고 비관도 많이 했었다. 하지만, 성인이 된 후 부모님께서 해주시는 얘기는 내게 충격을 줬다. 부모님께서는 항상 '배울 때가 제일 좋지'하고 말하셨다. 못 배우신 것에 대한 한이 맺혀있다는 사실도 성인이 되어서 이해를 했다. 항상 학교 가기 싫다며 불평을 피우는 나를 보며 부모님은 어떤 생각을 하셨을까. 어머니께선 자신의 살아온 과정을 내게 얘기해주신 적이 있다. "부모님으로부터의 외면과 무시, 지독한 가난, 가출,

빛" 등. 이렇게 단어로만 나열해도 가슴이 먹먹해져 오기만 한다. 부모님께선 죽고 싶단 생각을 아주 많이 하셨지만, 그때 마다 자식들 얼굴을 보면 도저히 그럴 용기가 생기지 않는다고 하셨다. 그런데, 나는 지금 생각해보면 '죽고 싶다'라는 말을 정말 많이 했었다. 이런 나를 보며 무슨 생각을 하셨을까. 잠이 들기 전 철이 없었던 나를 반성해보며 울기도 많이 울었다. 부모님께 항상 감사하지만 그 마음을 잘 표현을 못했는데, 이 기회를 삼아 수학에 담아본다.

부모님께 감사하는 마음을 n으로 표현하였다. n이 ∞로 가는 것처럼, 부모님에 대한 나의 감사한 마음도 무한히 표현해보고 싶었기 때문이다. 부모님에 대한 현재의 마음을 1로 표현을 하고 1/n은 앞으로의 자세이다. 그렇다면, 앞으로의 자세가 0인가? 하고 비판을 제기할 수도 있지만, 여기서는 아무리 감사한 마음을 표현하더라도 1/n 값이 0에 가까운 것처럼, 아무 것도 해 드리지 않은 것과 같다는 의미이다. 무슨 말이냐 하면, 감사한 마음을 표현하는 것은 당연한 도리이고, 이에 대해서는 대가를 원해서도 받아서도 안 된다는 의미이다. 그리고 부모님이 나를 생각해 주신 것에 비하면 '새 발의 피'이기 때문에 0에 가까운 수로 가게끔 표현하였다. 수식의 결과가 1이 나오는 것처럼, 현재 마음에, 감사한 마음을 계속 더해 표현하더라도, 현재의 마음을 잃지 말자는 의미에서, 현재 마음과 같은 1을 수식의 결과로 나타내었다. 내가 있는 것은, 지금의 부모님이 있었기에 가능하다. 이 마음을 변치 않고 쭉 간직하고 싶다.

$$\lim_{n\to\infty}\frac{n^2+n}{n^2-n}=1$$

나는 $\lim_{n\to\infty}\frac{n^2+n}{n^2-n}=1$ 이라는 식을 이용하여 표현할 수 있다. 처음으로 lim를 아직 배우지 않은 상태에서 접했을 때는 굉장히 어려워 보이고 풀이방법도 복잡할 것이라고 생각했기 때문에 걱정을 했었다. 그런데 수업시간에 선생님의 설명을 듣는데 어려울 것이라는 예상과는 다르게 너무나도 간단한 식이었던 것이다. 저 식은 실제로 내가 수업시간에 처음으로 접했던 식과 정답이었다. 이와 같이 지금 친구들이 나를 처음 보았을 때 첫인상이 차갑고 이지적으로 보여서 친근하게 말을 거는 것조차 어려운 적이 있었다고 말하기도 한다. 그러나 알고 보면 그렇게 까다로운 사람도 아니고 딱딱한 사람도 아니다. 그런 의미에서 저 식을 사용하였다. 저 식을 사용하여 나에 대한 또 다른 해석을 할 수 있을까?

$\lim_{n\to\infty}$는 무한으로 뻗어나간다는 의미를 포함하고 있는 개념이다. n이라는 미지수에 나 자신을 대입시켜 $\mathrm{Lim}_{나\to\infty}$로 표현할 수 있는데, 이는 나 자신에게 원석과 같은 숨겨진 능력들을 발휘할 수 있는 가능성이 무한이라는 것을 표현하는 것이다. 현재 내가 가지고 있는 나의 능력들이나 배경이 한계에 도달한 것이 아니라 미래에 열려있는 내 자신을 봄으로써 긍정적이고 희망적인 목표를 가지고 노력할 수 있다는 의미이다. 또한 저 식의 답인 '1'은 여러 가지 의미가 있지만

무엇보다도 하나 뿐인 내 자신을 아끼고 존중하자는 생각을 담고 있다. 나는 세상에 오직 하나뿐인 60억분의 1이라는 엄청난 확률로 이루어진 존재이기에 내 자신의 개성을 존중하고 자신감을 갖고 살자는 의미이기도 하다. 또 한편으로는 주변의 사람들과도 2, 3과 같은 존재가 되지 말고 함께 더불어 살아가자는 의미로서 '1'을 해석할 수도 있을 것이다.

사칙연산의 과정으로 본 나의 가치관

지금까지 나에게 수학이란 무조건 정해진 정답을 알아내기만 하면 되는 학문이었다. 이러한 관점에서 의식을 수학적으로 표현해보면 아래와 같다.

$$5 - (4 \times 0) + (6 / 2) = ?$$

사칙연산에서 괄호가 있기 때문에 계산해보면 정답이 '8' 이라는 사실을 알 수 있을 것이다. 즉, 수학이라는 과목은 문제풀이 방법이 정해져있고, 논란의 여지없이 정답이 명확해야 한다는 인식이 강하였다.

하지만, 여러 가지 과제와 활동을 통하여 일상적인 일에서 당연하게 생각해 왔던 사실들도 수학적으로 풀이해보려 노력하고, 최선을 다하여 수학적으로 설명하다보니 무조건 문제의 정답만을 맞추어야 한다고 고집해왔던 나의 수학에 대한 사고력이 조금씩 부드러워지는 것을 스스로 느껴볼 수 있었다. 지금의 느낌을 수학적으로 표현해보면 아래와 같다.

$$5 - 4 \times 0 + 6 / 2 = ?$$

위의 식은 앞서 괄호가 있는 식과 똑같은 숫자들과 똑같은 기호들이 있지만, 괄호 하나가 있고 없고가 엄청난 혼란을 줄 수 있다는 것을 느낄 수 있을 것이다. 하지만, 내 나름대로 수학에 대한 의미를 곱씹어 본 경험으로 토대로, 이것을 차분하게 문제를 먼저 본 다음, 느긋하게 기호를 보며 계산 순서를 생각할 것이다. 무작정 5 - 4부터 했던 차례대로 성급하게 계산하려 한 나의 모습과는 다른 차분한 나의 모습을 볼 수 있었다. 이것은 내가 수학을 의심하고 음미하면서 가진 가장 변화된 모습이 아닌가 싶다. 이런 당연하다고 생각했던 것을 다시 한 번 생각하게 하고, 스스로 일상의 문제를 한 번 더 고민해 보고 좋은 해답을 내릴 수 있어야 하고, 나아가 유연한 생각을 갖는 게 내 삶을 풍요롭게 하는 길이다.

$1 - x = 0$

1은 나 자신을 가리키고, x는 그 무엇이든지 포함된다. '나'는 여러 요소들이 합쳐져서 만들어진 존재이다. 이때까지의 나의 경험, 신념, 독서, 운동 능력 등이 포함된다. 이러한 것들 중 하나라도 없었다면 지금의 나는 만들어지지 않았을 것이다. 저 식을 계산하게 되면 x=1이 된다. 그러한 요소 하나하나가 합쳐져서 그게 바로 '나'라는 것이다. 앞으로도 저 미지수 x에는 여러 가지 것들이 채워져서 1이라는 나를 구성할 것이다. 긍정적이고 뜻 깊은 요소로 x를 채워서 더 나은 내가 되었으면 한다. x라는 것에 무엇을 넣을 지에도 많은 고민이 필요할 것이다. 좋은 것, 예쁜 것만 넣는 것도 좋지만 인생은 꼭 내가 바라는 것만 넣을 수는 없는 법. 시련과 역경, 어려운 점도 x를 구성해야 앞으로 발전이 있는 나, 더 나은 나가 될 수 있으리라는 생각이 든다. 무엇이든 x에 넣으려면 최대한 많은 경험을 해 보아야 한다. 여러 분야의 독서를 하든, 아르바이트를 하든, 대외 활동을 해서 많은 사람을 만나든지 말이다. 어쩌면 실패할 때도 있겠지만, '좋은 기억은 추억이고, 나쁜 기억은 경험'이라는 말이 있듯이 그러한 실패가 더 성숙하는 나를 구성하는 요소가 될 것이다. 앞으로 내 인생에서 무궁무진한 요소들로 x를 채워나갈 것이다. 또한 저 x에는 나의 태도도 포함될 수 있다. 태도 자체가 나를 의미하는 것이기 때문이다. 내가 나중에 나를 무엇으로 채웠을까 되돌아 볼 때 부끄럽지 않도록, 후회하지 않도록 모든 것에 최선을 다하고 노력하는 내가 되어야겠다.

(10 +12) ÷ 9: 眞善美

나는 현재 나 자신을 (10+12)÷9로 나타내고 싶다. 진선미를 한자로 나타냈을 때 10은 진이고 12는 선, 9는 미의 총 획수를 나타낸다. 이때 '진선미'는 나의 좌우명이다. 어렸을 적 언니를 질투하면서 많이 싸웠다. 그러다보니 서로에게 모두 상처가 되고 후회하는 날들이 많았다. 그래서 이를 반성하고 내가 조금만 더 양보하면 사이좋은 자매가 될 수 있을 거란 생각으로 언니를 먼저 생각하고 배려하기 위해 노력했다. 결국 지금은 누구보다 서로를 아낄 줄 아는 사이가 되었다. 이것은 친구사이나 선후배와 같은 모든 인간관계에서 마찬가지라고 생각한다. 상대방을 질투하지 않고 서로가 잘되는 것을 바라는 마음으로 선행을 베풀 줄 알며, 내적인 아름다움을 가진 사람이 되자는 진선미는 나에게 의미 있는 단어이다. 그런 진선미의 획수를 나타낸 10,12,9를 사칙연산을 통해 계산하면 몫이 2고 나머지가 4이다. 이때 10과 12가(진과 선) 의미하는 참되고 착한 마음을 더해(+) 9(미)의 의미인(내적인)아름다움으로 사람들에게 베풀 줄 아는 즉, 나눠(÷)주는 마음을 갖자는 것을 뜻한다. 이러한 계산에서 나온 몫 2의 의미는 초등학교교사가 되기 위해서 한국사능력검정시험과 임용고시를 통과해야 한다는 것이고 4는 대학생활 4년 동안 훌륭한 교사가 되기 위한 능력을 키워나가야 한다는 것이다. 즉, 4년 동안 교사로서의 자질과 능력을 기르고 2번을 시험을 통과하여 참되고 착한 마음을 더해 그런 아름다움을 나눠주는 삶을 사는 훌륭한 초등학교교사가 되자는 나의 현재의 꿈을 나타낸 것이다.

20+1 > 21

나는 1년간의 재수를 거쳐 본 대학교에 입학을 했다. 다시 공부를 하는 동안 남들보다 뒤처졌단 생각에 패배감도 많이 들고 더 오랜 시간 공부하느라 힘도 많이 들었다. 그러나 그 힘듦 속에서 삶의 많은 교훈과 지혜를 얻었다고 자부할 수 있다. 남들보다 먼저 한 번 실패하고 그 실패 속에서 이뤄낸 노력 끝에 좋은 결과를 얻었다. 쉽게 얻어낸 결과보다 실패 끝의 성공이 더 값지고 아름답다고 생각한다. 그래서 나는 그냥 살아 온 21살의 다른 사람보다 20살이라는 아름다운 나이에 1년 더 고생한 내가 더 풍부한 삶을 살 수 있을 것 같다. 나의 이 짧지만 강한 기억을 준 1년이 그 전까지 내가 보내 왔던 1년보다 더 큰 의미를 갖는다고 생각한다. 따라서 20+1 > 21 이라는 수식을 생각하게 되었다.

$$120 \, \Pi \, 1 \times (-1) \times (-1) \times {}_{8}C_{8} = 120 + \alpha$$

우물 안 개구리. 누구나 들어봤을 법한 이 속담을 나는 아버지께 항상 들어왔다. 내가 다니던 학교는 한 학년 당 120명 남짓으로, 총 4학급으로 이루어진 조그만 곳이다. 그 속에서 안주하고 자만하느라 다른 도시로 여행이나 공부한다는 것은 생각도 안하고 있다가 교사가 되겠다는 목표 하나로 혼자서 이 낯선 도시인 대구로 오게 되었다. 이런 부분에서 내가 다니던 학교를 우물로 표현하여 비슷한 모양을 가진 중복 순열을 써서 표현했다. 이것은 또한 120^1로도 표현할 수 있다. 여기서 나의 가치는 1이라고 생각한다. 저 수에서 1은 있으나 마나하게 보일수있지만 실제로는 1이라는 존재가 있기 때문에 저 숫자가 그대로 존재할 수 있다(만약1이아니라 0이라면 숫자는 다르게 변하기 때문이다).

또한, 나와 내 친구은 서로에게 그런 존재라고 생각한다. 그런 서로의 가치를 증명해주던 친구들 없이 혼자 이곳에 있다는 것이 처음에는 두려웠다. 또한 살던 곳과는 다른 주위환경에 힘들었다. 이 두 가지 요인을 -1로 표현을 한다면 나는 이 둘을 피하지 않고 곱함으로써 당당히 맞서겠다는 의미를 두었다. -1을 두 번 곱하면 1이 되듯이 나는 다시금 제자리를 찾을 것이다. 그렇기 위해서는 다른 사람들과의 조화가 필요하다고 생각한다($_8C_8$). 이 과정들을 겪음으로 최종 결과는 단순히 120이 아니라 그보다 더욱 발전할 것이라는 의미에서 $120+\alpha$로 나타내었다.

$$2\times 8=(-4)^2$$

나는 내가 가진 자산에 대해 만족하지 못하면서 살아왔다. 그러한 삶을 닉 부이치치나 스티븐 호킹 박사님을 보면서 반성하게 되었다. 그들은 몸이 불편한 상태에서도 자신이 가진 재능을 잘 활용하며 남들에게 희망을 주면서 살아오고 있다. 그들에 비해 나는 8(신체적인 팔)과=(신체적인 다리)를 두 개씩이나 멀쩡히 가지고 태어났다. 하지만 내가 부족한 부분에 더 신경을 쓰며 불만족스러운 삶을 살아오고 있었던 것이다. 이제 그들을 보고 내가 가진 것을 (-4) 즉, 감사하는 삶을 살아야 겠다고 생각하였다. 그냥 단순히 부모님이 물려주신 것에 감사하는 것이 아니라 이것을 활용하여 더욱 남들에게 도움이 되고 더 나은 활동을 할 수 있도록 제곱만큼 감사해야함을 느꼈다. 그래서 위의 수식을 완성하게 되었다. 그리고 그들을 더욱 도와줄 수 있으며 또한 나의 꿈을 동시에 이룰 수 있는 특수통합교육과로 나를 이끈 큰 계기가 되어서 내 인생관에 큰 변화를 주었다. 이 식으로 생활 수학을 듣는 다른 친구들에게 해주고 싶은 말은 자신이 부족해 보이고 남들과 비교하여 열등해 보일지라도 우리에겐 건강한 팔다리가 있는 것만으로도 충분히 남들보다 많이 가졌고 감사하는 삶을 살아야 함을 깨달아 남들을 베풀어 주자는 것이다.

$0 \times x = 0$

0은 수많은 숫자들이 0에 가까워 지려해도 될 수 없는 무한한 숫자라고 생각한다. 그런 점에서 0을 '나'에 비유하고 싶다. 매일 매일 새로워지고 발전하는 '나=0'를 다른 외부 사항들에 의해 변화되거나 좌우되지 않고 싶다. 여기서 다른 외부 사항들을 미지수 x로 두었다.

즉, 숫자 0에 어떠한 수(x)를 곱하여도 변하지 않고 그대로 0이 되는 수식인 $0 \times x = 0$을 나의 수학적 좌우명으로 정하였다. 다른 무언가에 좌우되지 말고 내 모습 그대로 살아가자!

2+2=4

2	+	2	= 4
(이해)		(이해)	(사랑)

2+2=4가 나에게 의미있는 수식으로 꼽은 이유는 다음과 같다. 앞선 설명에서와 같이 2는 이로 시작하는 이해를, 4는 사로 시작하는 사랑을 의미한다. 따라서 서로서로 상대방을 이해할 수 있을 때 비로소 서로를 사랑할 수 있다는 것을 의미한다. 덧붙이면 여기서 사랑이란 서로 아끼고 베푸는 마음을 의미한다.

더 나아가 5-3=2, 2+2=4로 발전시킬 수 있다. 5는 오로 시작하는 오해를 의미한다. 사람들은 살아가면서 수많은 오해를 하게 된다. 그 오해는 말 그대로 오해일 뿐이다. 오해에서 조금만 멀어지면 상대방을 이해할 수 있게 된다. 이는 오해했던 친구를 다시 편견을 버리고 바라보게 되면 그 친구를 이해할 수 있게 되는 것이다. 또한 이런 이해들이 보며 사랑이 이루어진다고 생각한다. 사랑은 이해에서 시작된다고 생각하기 때문이다.

$$10 \times 0=0$$
$$10 + 0=100$$
$$n(10+0) = 1/n$$

위의 간단한 수식에 언어유희를 더해 봤다. 열심히 공부한다는 뜻의 열공을 10, 0으로 표현한 것이다. 뜻을 풀어보자면

- 10 . 0 (열공을) × (하지 않으면)=빵점
- 10 , 0 (열공을) 하면=백점
- 10 +0 (열공을) n번하면 등수가 n분의 1일 된다는 뜻이다.

수학이라는 것도 우리가 농담하듯이 즐길 수 있고 열심히 공부하라는 것도 은근히 강요할 수 있으니 말이다.

$$1 \div \frac{1}{2} = 2$$

일반적으로 수식에서의 나눗셈을 생각하면 결과 값이 작아지는 것을 연상하기 마련이다. 그러나 위에서처럼 나눗셈의 결과가 더 커질 수도 있는 법이다. 마찬가지로 나누어주는 것이 곧 잃는 것이라고 생각하기가 쉽다. 그러나 단순히 나누어줬다는 현상에 얽매이지 않으면 사실 나눔으로써 얻을 수 있는 것이 더 많다는 것을 우리는 알고 있다. "나누면 두 배가 된다."는 말처럼. 수학적으로는 의미가 없을지 모르겠지만 앞의 내용을 가장 잘 함축할 수 있는 수식이기에 좌우명으로 정하게 되었다.

$$6,000,000,000 - 5,999,999,999 = 1$$

나는 평소에도 4차원이란 소리를 종종 듣는다. 남들과는 무언가 다르다는 뜻이다. 아주 독특한 사람이라고 사람들이 내 혈액형을 물으면서 AB형이냐고 물을 때가 다반사 인데 정말로 내 혈액형은 AB형이다. 나도 내가 특별하다고 생각한다. 그래서 나의 좌우명 또한 '내가 해야 할 것, 내가 할 수 있는 것, 내가 좋아하는 것을 모두 다 내 방식대로 하고 살자.' 이다. 이러한 나의 좌우명을 수식으로 표현하면 다음과 같다.

$$6,000,000,000 - 5,999,999,999=1$$

이 식은 누가 봐도 아주 간단한 뺄셈식이다. 하지만 삶을 살아가는 데는 가끔 필요한 것은 꿈보다 해몽이 아닌가. 이를 해석하자면 다음과 같다.

60억은 현재 지구에 살고 있는 인구이고 59억9천9백9십9 라는 숫자는 지구상에서 나를 제외한 타인의 숫자이다. 그리고 등식의 반대편의 1이라는 값이 바로 나이다.

지구상에 60억이라는 수많은 사람들이 존재하지만 나는 하나뿐이다. 타인이 생각하는 나는 보통의 존재이거나 혹은 그 이하의 존재일 수도 있다. 하지만 나에게 있어 나는 하나밖에 없는 아주 소중한 존재이다. 그래서 나의 성공과 행복을 위해서는 소중한 나의 취향을 반영한 삶을 살아야 한다. 그저 타인의 성공과 행복이 있다는 길을 따라가 그 끝에 다다랐다 하더라도 결코 행복을 찾을 수는 없을 것이다. 왜냐하면 행복은 내가 가야할 길, 그 길 끝에서 나를 기다리고 있기 때문이다. 어찌 보면 좌우명보다는 신념에 가깝지만 하나뿐인 내 인생을 위한 소중한 나의 좌우명이다.

$100 \div 30=\infty$

내가 미래의 교사가 되었을 때 가지가 될 좌우명을 숫자로 표현해 보았다. 수식으로 표현한 내 좌우명은 $100 \div 30=\infty$ 이다. 이 수식에서 100은 내가 가진 지식을 가르치고 30은 내가 가르치게 될 학생 수를, 그리고 ÷는 학생들에게 내가 지식을 교육하는 것을 뜻한다.

따라서 내가 가진 지식을 100이라고 봤을 때 30명의 학생들에게 가르쳐 나누어주겠다는 뜻이다. 그 연산의 결과 값이 ∞인 이유는 내가 교사로서 학생들에게 전달한 지식의 가치를 가늠할 수 없기 때문이다. 또 내가 교사가 되었을 때 되려 내가 학생들의 상상력과 순수함을 배울 수 있다고 생각한다. 따라서 학생들이 배운 무한한 가능성이 있는 지식과 내가 학생들에게서 배우게 되는 순수함과 상상력의 가치를 더했을 때 그 값은 ∞이다. 나는 이런 좌우명을 가지고 앞으로 학생들을 대하고 싶다.

제곱근으로 좌우명

내 좌우명을 수학적으로 표현하기 위해 선택한 것은 '제곱근의 기본 성질' 이다. 제곱근의 기본성질은 다음과 같다.

$$a > 0 \text{일 때, } (\sqrt{a})^2 = a, (-\sqrt{a})^2 = a$$

$$\sqrt{a^2} = a, \quad \sqrt{(-a)^2} = a$$

일상에서 양이라고하면 긍정적인 뜻으로 해석된다. a가 양수 이면 $\sqrt{a}$을 제곱하든, $-\sqrt{a}$을 제곱하든, $-a$의 제곱에 $\sqrt{\ }$를 하든 모두 양수 a가 된다. a가 나라고 가정하면, 내가 항상 긍정적인 마음가짐(양수)을 가지고 있으면 어떤 상황에 처해도, 나쁜(음의) 상황에 부딪치더라도 긍정적이고 좋은(양의) 상황으로 극복할 수 있다는 것이다. 평소에 '긍정적인 마인드를 가지자, 좋게 생각하자.'라고 생각하던 나에게 딱 맞는 수학적 성질인 것 같다. 내 자신이 긍정적인 마음을 가지고 있으면. 그 마음가짐으로 노력한다면 어떤 상황이 닥쳐도 이겨낼 수 있을 것이라고 생각한다.

$$\lim_{n\to\infty} f(x)=\infty$$

교대에 재학 중인 우리는 타 대학생들에 비해 분명한 미래가 정해져있다. 그렇지만 그것은 직업적인 요소일 뿐, 내가 살아가는 세상은 내가 만들어가는 것이라 생각한다. '나'라는 것은 앞으로 어떻게 변화되어 질지 모르기 때문에 즉, 정해져 있지 않기 때문에 미지수 x 로 설정하였다. $f(x)=x$ 라고 식을 두면 $\lim_{n\to\infty} f(x)=\infty$라 할 수 있다. 여기서 n은 시간의 흐름이라 설정하였다.

예전의 나를 식으로 표현하자면 $\lim_{n\to\infty}\{f(x)-g(x)\}=f(x)$였다. 여기서 $g(x)$는 세상을 나타내는 것이고, 나 또한 세상을 살아가고 있으므로 $f(x)\subset g(x)$가 되는 것이다. 수학적으로 위의 식은 성립하지 않는다는 것을 알지만, 이렇게 표현한 것은 '세상의 어떤 변화에도 나 스스로를 잃지 말고 복잡한 세상을 헤쳐 나가자.' 란 의미로 표현한 것이다.

지금의 나는 예전의 나에 한 가지가 더 추가되었다. 따라서 $\lim_{n\to\infty}\{f(x)-1\}=0$이 되었다. 여기서 숫자 1이 의미하는 것은 내가 사랑하는 여자친구이다. 물론, 수학적으로 $\lim_{n\to\infty}\{f(x)-1\}=\infty$가 되는 것을 알고는 있지만, 내가 위의 수식을 사용한 것은 내가 고등학교 2학년 때 지금의 여자친구를 만나서 곧 결혼을 목전에 두고 있는데 내가 살아오면서 가장 성공한 것이 지금의 여자 친구를 만난 것이라 생각된다. 사랑하는 사람이 생긴 후 세상의 중심이 나 위주에서 모든 것을 함께 결정을 하게 되었고, 지금의 나에서 여자친구를 빼버리면 살아가는 것이 무의미한 것이 되어버린다. 그래서 나는 $\lim_{n\to\infty}\{f(x)-1\}=0$ 이라 표현을 하였다.

위의 내용을 정리하자면 '세상의 어떤 흐름 속에서도 나 자신을 잃지 말고, 나 자신과 사랑하는 사람을 지키며 함께 살아가자'이다.

0 * 0=00

내 자신을 수학공식으로 0 * 0=00이라고 표현할 수 있다. 00은 0이 될 수도 있고 무한대가 될 수도 있다. 이 세상에 태어난 나를 0이라고 칭한다면 내가 하는 행동들에 따라 값이 0이 될 수도 있고 무한대가 될 수도 있다고 생각한다. 내 인생 좌우명은 '할 수 있다고 말하다보면 결국 실천하게 된다'라고 생각하며 살아왔다. 지금까지도 이 말을 100% 믿는다. 나는 고등학교를 다니던 시절 내가 교대에 들어갈 수 있다고 수없이 말을 하고 다녔다. 말을 한다는 것은 결국 나는 가능하다는 의미로 다가왔기 때문이다. 이와 같이 나는 내가 하는 행동에 따라서 결과 값이 천차만별로 바뀔 것이라고 믿는다. 따라서 나는 내 자신을 수학공식으로 0 * 0=00 이라고 표현하고 싶다.

1÷1=1에서 1+∞=∞로

처음 교수님이 던진 과제에 나는 1÷1=1이라는 수식을 만들었다. 올해 목표 중 하나가 '사랑하고 사랑받는 사람이 되자'라는 것이었기 때문에 1에서 1을 나눠도 1이 온전하게 남는 것처럼 나 자신의 모든 걸 나누고, 그만큼 받는 그런 사람이 되고 싶다는 답변을 했었다. 교수님께서는 이 문제에 대해 조금 더 생각해보라고 말씀 하셨다. 사랑 하기는 쉽지만 사랑 받는 것은 더욱 어렵고 나의 모든 것을 나눈다는 것 또한 어렵다. 그래서 나는 나의 수식을 조금 바꿔보고자 한다. 1+∞=∞ 라는 식을 세워 보았다. 나(1)의 주위엔 무한한 기회가 주어져있다고 생각한다. 내가 마음먹기에 따라서 얼마든지 새로운 사람들을 만날 수 있고, 공부를 열심히 해 학점을 잘 받거나 용돈벌이를 위해 알바를 할 수도, 다양한 행사에 참여하거나, 또 다른 지역에 훌쩍 여행을 갈 수도 있다. 그런 기회들 하나하나에 내가 깨달음을 얻고, 또 조금씩 성장 할 수 있을 것이다. 또 나는 내가 무한대의 가능성을 지니고 있다고 생각한다. 그리고 무한대의 가능성을 지닌 만큼, 무한대의 기회들이 투입된다면 무한대로 성장 할 수 있을 것이다. 그래서 나는 나를 표현 할 수 있는 수식을 1+∞=∞라고 표현하고 싶다.

부호와 삶의 의미 (+, −, ×, ÷)

초등학생 때부터 배우는 사칙연산의 부호를 삶의 의미와 연관 지어서 생각해 보았다. 내가 중요하게 생각하는 가치는 '배려하고 나눈다'는 것이기 때문에 이를 인간관계에 대입하여 부호들의 의미를 찾았다. 인정 많고 화기애애한 공동체 분위기가 형성되어 있는 예전과 달리, 현대사회의 사람들은 바쁘고 직장생활에 집중하는 탓에 주변을 잘 살펴보지 못하는 경향이 있다. 이러한 현대 사람들의 모습을 뺄셈(−)으로 표현해 보았다.

$$10 - 10 = 0$$

앞의 '10'은 '내가 현재 소유하고 있는 것'이라는 의미를 가진다. 내가 갖고 있는 것은 재산이 될 수도 있고, 인간관계, 행복감과 삶의 만족도가 될 수도 있다. 이 '10'을 취미생활을 즐기고, 여러 사람들과 만나며 삶을 풍요롭게 하는 데에 쓴다면, 부호는 덧셈(+)이 되어 삶의 질을 높여주는 데에 기여할 것이다. 하지만 현대 사람들은 가진 것들을 오히려 버리고 있는 것 같다. 뺄셈(−)을 이용하여 잃은 것을 '10'으로 나타내 보았는데, 사람들이 덧셈(+)을 사용하지 않고 뺄셈(−)을 사용하는 것에 문제가 있다고 생각했다.

부모님들은 돈을 벌기 위해 직장에 나가서 스트레스를 받으며 일을 하지만, 분명 삶의 목적은 '일'이 아닐 것이다. 수입으로 다른 것들을 경험하고 얻기 위해 한 일이 스트레스를 주고, 시간을 빼앗는 아이러니한 상황이 발생한 것이다. 사람들은 업무와 반복되는 일상에서 벗어나 삶에 덧셈(+)를 안겨줄 새로운 길을 찾아보아야 할 것이다. 다양한 사람들과 만남을 갖고 소통하며 삶의 즐거움을 알게 된다면, 덧셈(+)은 곱셈(×)으로 바뀌어 주위 사람들과 기쁨을 배로 나눌 수 있을 것이라 확신한다.

$$10+10=20 \rightarrow 10\times10=100$$

$$(a+b)^2 = a^2 + 2ab + b^2$$

내 좌우명을 수식으로 나타내보면 다음과 같다.

$(a+b)^2 = a^2 + 2ab + b^2$ (a와 b는 양의 정수)

여기에서 a는 당근, b는 채찍에 비유할 수 있다. 당근과 채찍은 모두 나의 삶에 원동력이 되기에 모두 +적 요소라고 생각한다. 제곱은 노력을 통해 그 효과가 배가 됨을 의미하며 더하기는 두 요소의 적절한 조화를 의미한다. a는 a끼리 제곱을 하고 b는 b끼리 제곱을 한다면 그 이상으로 아무것도 생기지 않는다. 하지만 a와 b를 더하여 제곱을 한다면 2ab라는 추가적 산물이 나오게 된다.

나는 이 수식을 통해 고등학교 시절 이야기를 해보고자 한다. 고등학교 시절 나는 스스로 당근과 채찍을 통해 원하는 목표를 이룰 수 있었다. 꾸준한 노력을 통해 원하는 목표를 차근차근 이루어나갔을 때 스스로 휴식시간을 주고 그동안 보고 싶었던 영상이나 맛있는 음식을 먹으며 앞으로 더 나아갈 수 있는 원동력을 부여했다. 그러나 순간의 성취로 인해 안일한 생각을 하며 게을러질 때쯤이면 스스로를 다그치며 더욱 자신에게 엄격해지도록 노력했다. 이처럼 너무 힘들어 뒤쳐질 때면 스스로에게 당근을, 또 안일한 생각에 머물러있다면 채찍을 부여하며 나 자신을 이끌어 나갔다.

이렇게 당근과 채찍의 적절한 조화를 통해 고등학교 시절 동안 노력한 결과 '대구교육대학교에 입학'이라는 원하는 목표를 이루게 되었다.

고등학교 생활 3년과 대학입시를 통해서 나의 좌우명을 다시 한번 마음에 새기게 되었다. 앞으로도 스스로에게 자비롭되 엄격한 면모를 갖추며 외적으로도 내적으로도 발전을 추구하는 사람이 되도록 노력할 것이다.

1÷1=2

우리 집의 가훈이자 나의 평생 좌우명은 단 한 단어이다. 배려. 그래서 이 '배려'를 담을 수 있는 수학 표현을 찾고자 했다. 단순하고 기억하기 쉬운 표현을 생각하다가 떠올린 것이 '1÷1=2'이다. 보통은 하나를 나누면 하나가 된다. 그러나 사랑은 그렇지 않다. 사랑하는 마음을 다른 누군가에게 나누어주면 그 마음이 전해져 하나가 아니라 둘이 된다. 배려하는 마음은 사랑하는 마음과 비슷한 것이다. 그래서 다른 사람들을 사랑할 때야 비로소 배려할 수 있는 것이다. 나는 배려의 기본이 사랑이라고 생각한다. 그러므로 나누어준다(÷)에

배려하는 마음이 들어있다고 생각한다.

$1+n=\infty$

일단, 식 자체가 간단한 것이 나의 전반적인 사고방식과 닮아있다. 복잡하게 생각하거나, 애매모호하게 생각하지 않고, 간단하고 명확하게 생각하면서 살아가는 것이 내가 추구하는 가치관이다. 하지만 간단하다고 해서 가치가 부족한 것은 결코 아니다.

여기에서 1은 곧 나, 한 사람을 의미한다. 만약 나를 0으로 표현했다면 나는 내가 만나는 사람에게 아무 영향을 주지 않는 사람, 함께 직면한 일에 아무 도움이 되지 않는 사람이 될 것이라 생각한다. 그러나 숫자 1은 자연수 중에서 가장 작은 수이고, 양의 정수 중에서 가장 작은 수이지만 동시에 자연수의 시작을 의미한다. 또한, 양의 정수를 시작한다는 의미를 가지고 있다. 이처럼 나는 내가 만나는 누군가에게 도움을 주는 시작점이 되고 싶다.

+는 만남을 의미한다. 그리고 n은 내가 앞으로 만나게 될 n명의 사람, n개의 사건, n개의 상황을 의미한다. 마지막으로 ∞ 는 수학적 개념 그대로 무한을 의미한다.

즉, 나는 비록 작은 한 사람일 뿐이지만 n명의 사람, n개의 사건을 만났을 때 무한한 성장으로 연결 지을 수 있는 출발점이 되고 싶다는 의미다. 생활 수학 강의시간에 처음 만난 엽 내기 언니와 사원 언니를 만나서 함께 밥도 먹고, 서로의 언어를 배워보면서 한 학기 동안 소중한 추억을 만들고 서로 배워온 것처럼 말이다. 내가 대학 졸업 후 초등학교 현장에 나갔을 때, 아이들에게 새로운 도전을 하게 만드는, 자신만의 꿈을 가지게 만들어주는 출발점을 제시하는 그런 한 사람, 그런 교사가 되고 싶다.

$$\frac{100}{100}=1$$

100분의 100은 1이라는 수식으로 내 가치관을 표현할 수 있다. 분자의 100은 내가 가진 것들을 의미한다. 나의 외양과 지식, 인성과 생각 등 내가 가진 외면적인 것들과 내면적인 것 모두를 일반적으로 '완전하다'고 여겨지는 숫자인 100으로 표현했다. 분모의 100은 남들에게 보여지는 나의 모습을 의미한다. 나는 항상 남들에게 비쳐지는 내 모습에 많은 신경을 써왔다. 그래서 겉모습에 신경을 많이 쓰고 남들이 나에 대해 이야기하는 말 한마디 한마디를 예민하게 받아들이고 마음속에 오래 묻어두곤 했다. 그래서 난 남들이 보는 내 모습이 진짜 내 모습이라는 생각을 가지고 살아왔다. 그래서 분자와 같은 100이라는 숫자를 남들이 보는 내 모습을 의미하는 분모에 적었다. 지금까지의 내 생각으로는 나의 본질이 곧 남에게 보여지는 모습이므로 둘을 나누면 아무것도 남지 않아야 한다. 하지만 내가 표현한 수식에서는 결과로 1이라는 숫자가 남는다. 나는 여기서 남들이 모르는, 나만 아는 진정한 본질이 이 1이라는 숫자에 남아있다고 생각한다. 나 자신을 믿고 사랑하는 것이 아직도 부족하지만 이 수식이 의미하는 것처럼 결국 내가 나를 사랑하고 믿어야 나라는 사람이 존재하고 행복할 수 있다고 생각하기 때문에 자존감을 높이기 위해 계속해서 노력할 것이다.

$$\frac{1}{\infty}+\frac{1}{\infty}=\frac{1}{\infty}$$

나는 나와 그리고 지구상의 모든 사람들을 $\frac{1}{\infty}+\frac{1}{\infty}=\frac{1}{\infty}$ 로 표현하고 싶다. 지구에는 70억 명이 넘는 사람이 살고 있다고 추정된다. 하지만 이것도 통계상 그럴 뿐 얼마나 더 많은 사람들이 살고 있을지 모르며, 이를 생물체라는 범위로 넓히면 더욱 많아지고 우주로 넓히면 더더욱 많아진다. 따라서 인간은 우주에서 $\frac{1}{\infty}$만큼의 존재 밖에 되지 않는다고 생각한다. 하지만 그 정도 밖에 되지 않는 인간이지만 나는 무한대 위에 올려져있는 1이 중요하다고 생각한다. 1은 세상에 하나 밖에 존재하지 않는 즉 고유한 것을 의미한다. 아무리 세상에 우주에 수많은 존재들이 있어도 나는 하나 밖에 없으며 최소 $\frac{1}{\infty}$만큼의 존재감은 분명히 해낸다. 즉 나라는 존재는 이 넓고 광활한 우주 안에서도 절대 의미 없는 존재가 아니라는 것이다. $\frac{1}{\infty}$의 1이 아무리 작아도 0은 아니듯이 말이다. 그리고 여기에 더욱 중요한 사실이 있다. 각각 다른 $\frac{1}{\infty}$들이 만나면 또 새로운 $\frac{1}{\infty}$을 탄생시킨다는 것이다. $\frac{1}{\infty}$의 존재감 밖에 안 되는 인간이지만 세상에 존재하지 않던 또 다른 1을 탄생시킬 수 있다. 이는 절대 무시할 수 없는 것이다. 나는 $\frac{1}{\infty}+\frac{1}{\infty}=\frac{1}{\infty}$ 라는 수학적 표현을 통해 인간은 한없이 작은 존재이지만, 그럼에도 불구하고 세상에 있어 의미 있는 존재라고 말하고 싶다.

항등식 $x^3-x-6=(x-2)(x^2+2x+3)$

'한결 같은 사람이 되고 싶다'는 나의 좌우명을 항등식을 이용하여 표현했다.

$$x^3-x-6=(x-2)(x^2+2x+3)$$

항등식이란 식에 포함된 문자에 어떤 값을 넣어도 언제나 성립하는 등식이다. 위의 식에서 좌변은 '과거의 나' 우변은 '미래의 나'를 의미한다. 변수에 어떤 값을 넣더라도 양 변은 항상 같게 된다. 삶을 살다보면 많은 선택의 순간이나 갈등의 순간들을 겪는다. 그럴 때마다 나는 나만의 기준을 가지고 한결 같은 사는 사람이 되고 싶다. 한결같이 살자는 것이 발전 없이 산다는 의미로 비춰질 수 있겠지만, 자신의 신념을 지키면서 올바른 방향으로 발전한다는 의미를 나타낸 것이다. 혼란스럽고 힘든 상황에서도 자신만의 신념은 잃지 말고 살아가고 싶다.

99+1=100

99+1=100이라는 식에서의 1처럼 작지만 마침내 100을 채울 수 있는 큰 역할을 할 수 있는 사람이 되고 싶다고 생각한 적이 있다. 그런데 문득 100이 무슨 숫자이며 왜 사람들은 100을 완전한 수라고 생각하는가? 100이란 무엇인가? 라는 생각이 들었다.

100은 보통 성적에서 만점의 의미로 많이 사용된다. 사람들이 100을 완전한 수라고 생각하는 이유는 그 영향을 많이 받았다고 생각한다. 우리는 12년 동안 초등학교, 중학교, 고등학교를 다니며 100점이 만점인 시험을 쳐 왔고, 100점을 맞아야 한다고 생각하며 살아왔다. 성장기의 생각들은 성인이 되었을 때의 생각에도 분명히 영향을 미친다. 12년 동안 보았던 것이 그것이기 때문이다. 우리에게 100 이상의 완전함은 없었던 것이다.

하필 100이란 수를 완전함으로 인식하게 된 이유를 조금 더 자세하게 생각해 보았다. 만점이 100점과 101점인 상황을 비교해 보자. 보통 중고등학교에서는 중간고사와 기말고사의 성적을 일정 비율로 합쳐 총 성적을 낸다. 그러나 만점이 101점이라면 계산하기가 굉장히 불편해질 것이다. 퍼센트를 계산할 때에는 100을 곱하기 때문이다. 100은 또한 10보다는 더 자세한 수치를 나타낼 수 있는 수일 것이다. 10이 만점이라면, 소숫점 표현이 불가피해 질 것이다. 그래서 10에 10을 다시 곱해 소수점 표시를 피할 수 있게 한 수가 100이 아닐까? 또한, 다른 경우의 수로 1000이 만점이라고 해 보자. 이렇게 된다면 수의 단위가 너무 커져 계산하기 어려워질 것이다. 그렇다면 여기서 한 가지 의문이 다시 떠오른다. 왜 200이나 300은 안 되는 것인가?

이는 1의 의미와도 관련이 깊다. 1은 자연수의 시작으로, 1이 있어야 2가 있고 3도 있을 수 있다. 그렇기에 괜히 2나 3을 사용할 필요가 없는 것이다. 그래서 사람들은 100을 완전한 수처럼 사용하고 있는 것이라고 생각한다.

위와 같은 이유들로 나는 100을 나만의 완전한 수로 인식하였다. 이제는 처음에 제시했던 식이 완벽하게 이해될 것이다. 완전한 수 100을 완성시킬 수 있는 작지만 소중한 1과 같은 사람이 되고 싶다.

$$1+\frac{1}{2}+\frac{1}{3}+\frac{1}{4}+\cdots\cdots=\infty$$

조화 급수인 $\sum_{n=1}^{\infty}\frac{1}{n}=\infty$, 즉 $1+\frac{1}{2}+\frac{1}{3}+\frac{1}{4}+\cdots\cdots=\infty$ 이라는 식을 이용하여 나를 표현하였다. 처음 조화 급수를 접하였을 때는 계속 작아지는 숫자들을 더해가면 특정한 수에 수렴할 것으로 예상하였다. 그러나 $1+\frac{1}{2}+\frac{1}{3}+\frac{1}{4}+\cdots\cdots>(\frac{1}{2}+\frac{1}{2})+(\frac{1}{4}+\frac{1}{4})+(\frac{1}{8}+\frac{1}{8})+\ldots$이고 우변의 있는 무한등비급수는 발산하기 때문에 좌변의 조화 급수 역시 발산하게 된다. 사람은 한 눈에 그 본질을 파악하는 것은 힘들지만 자세히 관찰하고 살펴보면 이해할 수 있다. 나와 다른 성격과 태도를 지닌 사람일지라도 말이다. 또한 계속 작아지는 숫자를 더하다 보면 그 값이 무한으로 가듯이 작은 노력들을 계속해서 더하면 자신의 가치를 무한으로 발산시킬 수 있다는 의미를 담고 있다.

또 다른 시각에서 위의 식을 해석해보았다. 이 식에서 가장 앞에 있는 1이 가장 큰 수이다. 그 뒤의 분수들은 모두 1보다 작은 수들이다. 여기에서 1이 자기 자신을 의미하고 나머지 분수들은 후천적인 노력과 선천적인 환경을 의미한다. 주변을 둘러보면 선천적인 환경을 탓하면서 후천적인 노력을 하지 않는 사람들이 있다. 그러나 나는 내 자신이 가장 큰 존재(소중한 존재)이고 그 뒤에 있는 선천적, 후천적인 요소들은 계속 더해가는 식에서의 표현과 마찬가지로 나 자신보다는 작은 것이지만 그들이 합쳐지면 1이라는 상수(정지한 상태)가 아닌 무한대라는 가능성(동적인 상태로 해석)이 될 것이다.

$$1 \div n = \infty$$

수학적으로 n이 무한으로 발산할 때 1/n은 0으로 수렴한다. 그러나 나의 교육관과 관련지어 식을 해석해보면 다음과 같다. 우선 나는 교사가 되기 위하여 교육대학교에 진학하였다. 권위적인 교사이기보다 학생들의 부족한 점을 채워주는 든든한 교목과 같은 교사가 되고 싶다. 위의 식에서 나눗셈을 함께 한다는 의미로 해석한다면 다음과 같이 해석할 수 있다. 1이라는 나 자신을 n이라는 무한한 가능성을 가진 학생들로 나누면 나의 삶의 행복지수와 자아만족도와 자아정체성이 무한하게 증가한다는 것이다.

1+sinQ(Q는 실수) $-10x^2+\frac{1}{2}x^2+x$ …

나의 삶을 표현한 식의 시작은 1이다. 1은 '존재'의 의미를 갖는다고 생각하기 때문이다. 곧 이는 내가 태어났음을 뜻한다. 또한, 1은 가장 'basic'이란 말에 걸맞는 수라고 생각한다. 인간이 막 태어났을 때에는 아직 사고가 발달되지 않았기 때문에 가장 개성이 없을 때이다. 그렇기 때문에 태어났을 때부터 3~4살 까지는 숫자 1로 표현하였다.

그 다음 이어지는 것은 삼각함수, sin함수이다. sin그래프를 보면 1부터 -1까지를 일정한 주기로 오고 간다. 내가 초등학생 때까지는 특별히 큰 일 없이 그저 하루는 즐겁고, 하루는 약간 슬프고. 그런 평범한 나날의 연속이었다. y=sinx 함수는 위아래로 진동하면서 나아가지만, 진폭의 크기가 1을 넘어가지는 않는다. 별 탈 없이 평범했던 나의 유년기를 표현하기에 적합하다고 생각했다.

나의 청소년기를 표현하는 항은 $-10x^2$이다. 나는 중학생일 때, 과학고 진학이라는 꿈이 있었다. 그러한 꿈을 향해 달려갈 때는 인생 곡선이 정말 가파르게 올라갔다. 목표하는 바를 이루기 위해 열심히 노력을 했기에 열정적이었고, 그에 따른 결과물도 만족스러웠다. x^2 앞에 계수 10이 붙은 것은 그런 이유에서이다. 그러나, 중학교 3학년 때의 시험에서 수학 시험 답안지를 밀려 써버렸다. 수학 성적이 66점이 나왔고, 과학고 진학이 불가능해졌다. 꿈이 컸던 만큼, 추락도 빨랐다. 이것이 앞에 '−'가 붙은 이유이다. 그러나 다행히도 그 이후에 내려오던 곡선이 점차 다시 올라오기 시작했다. 상처는 시간이 지나면 어떻게든 낫기 때문이다. 하지만 나의 상승곡선에 비해서 그 속도가 더뎠기 때문에 앞에 $\frac{1}{2}$을 붙였다.

지금 대학생인 나는 점점 더 앞으로 나아가고 있기 때문에 지금 이 시점을 표현하는 항으로 x를 사용했다. 앞으로의 내가 어떻게 될지는 지금 내가 어떤 노력을 얼만큼 하는지에 따라 다르다. x^{100}과 같이 무한히 상승곡선을 그리는 이상적인 삶을 살 수도 있고, 혹은 다시 하강하는 $-x$를 경험할 수도 있을 것이다. 분명한 것은, 내가 앞으로도 계속 그래프를 위로 올리기 위해 노력할 것이라는 것이다.

1과 1^n

1^1, 1^2, 1^3 은 수학적으로 1이라는 모두 같은 값을 나타낸다. 하지만, 1을 자기 자신이라고 가정한다면 1의 거듭제곱들의 의미는 어떻게 정의할 수 있을까? 1^1, 1^2, 1^3 즉, 1^n은 특정 상황에서 나의 사회적 역할들을 바탕으로 나를 표현하는 다양한 이름이다. 현재 나는 대학생이며, 할머니의 손녀이며, 과외 학생의 선생님이다.

따라서 '나'를 표현하는 방식은 '1^1, 1^2, 1^3'처럼 다양하지만 결국 '$1^1=1^2=1^3=1^n=1$'로 1^n은 '1', '자기 자신' 이라는 본질적인 의미를 갖는다.

결국, 자신이 가정, 학교, 사회에서의 다양한 역할들에 따라 불리는 이름이 다양할지라도 '나'는 본질적으로 내가 정의하고 나만의 신념에 따라 살아가는 '나'이기에 끊임없이 자신을 성찰하고 메타인지로 바라보며 '나'를 만들어나가야 한다.

인생은 삼차함수

내 좌우명은 '이것 또한 지나가리라(새옹지마)'이다. 나는 이 좌우명을 삼차함수 ax^3+bx^2+cx+d ($f'(x)$에서 $D>0$, $0<x<k$, k는 양의 상수)의 그래프로 설명할 것이다.

서양에서처럼 태어났을 때의 나이가 0살에서부터 시작한다고 생각하면, 우리의 삶은 y축 위의 (0, d) 지점에서 시작된다. 여기서 삶의 시작점인 d는 자신의 가정환경, 주변 배경 등을 뜻한다. 이것은 다른 계수 a, b, c의 크기와 상관없이 x가 0일 때 갖는 값으로, 3차 함수의 그래프가 (0, d)에서 출발하는 것은 우리가 말하는 흙수저, 금수저처럼 주체가 조절할 수 없는 실제 삶과 일맥상통한다.

그러면 인생이 개인의 노력 여부와 상관없이 정해지는 (0, d)처럼 모두 정해져 있는 것 일가? 그렇지 않다. 우리의 인생에는 a, b, c가 있다. 사람들은 자신의 a, b, c 크기를 알 수 없다. 예측할 수 없는 매 순간이 흥미진진한 하나의 여정인 것이다.

삼차함수 $f(x)$의 삼차항의 계수인 a의 부호가 음이냐, 양이냐에 따라 $f(x)$의 대략적인 개형은 결정이 난다. x축을 기점으로 x축 위의 부분은 좋은, 흔히 말하는 '잘 나가는' 시기고 x축의 아래 부분은 나쁜 시기라고 보면, 우리는 삶의 시작에서 a의 부호에 따라 좋은 쪽을 향해서 끝없이 나아갈 수도 있고, 그 반대로 삶의 시작에서 나쁜 쪽을 향해서 나아갈 수도 있다.

여기서 재미있는 점은 f'(x)에서 판별식 D의 값이 0보다 크다는 점에 있다.f'(x)에서 판별식 D의 값이 0보다 크다는 말은 우선 f'(x)의 실근이 두 개라는 말이며, 이는 곧 f(x)가 극댓값과 극솟값을 모두 가진다는 이야기다. 인생에서 내리막길 없는 인생이 어디 있으며 오르막길 없는 인생은 어디 있겠는가. 우리는 우리의 극소점과 극대점이 어디인지, 그리고 극솟값과 극댓값이 얼마인지 모를 뿐이다.

끝도 없이 추락한다고 느껴지더라도 극소의 지점에서 우리는 다시 위로 치고 올라가게 되니 항상 희망을 가져야 하고, 하늘에 닿을 듯이 비상한다고 하더라도 극대의 지점이 되는 언젠가는 내려와야 하니 항상 겸손하게 뒤의 일을 준비해야 된다는 것을 3차 함수가 우리에게 이야기해 준다.

만약 a의 부호가 같다면 a의 부호가 음인 사람들은 모두 불행하고, a의 부호가 양인 사람들은 모두 행복할 때 죽음을 맞는 것일까? 그것은 또 아니다. 나의 인생이 어떤 항로로 갈 것이라고 대략적 예측이 가능하더라도, 인생은 언제 어디서 끝날지 모른다. 따라서 필연적으로 $0<x<k$(k는 양의 상수)라는 조건이 추가되는 것이다. 이 k 또한 미정의 수로, 우리가 삶에 대해 가지는 태도, 우리의 생활 습관, 그리고 우연이라는 큰 변수에 의해 결정된다. 삼차함수로 펼쳐진 나의 곡선이 x가 k에 도달하는 순간 끊겨 버리는 것이다. 곡선이 끊기는 순간, 우리의 삶도 끝을 맞이한다.

누군가의 삶이 평생 불우하거나 행복할 수도 있는데 이 경우는 어떻게 그의 삶의 등락을 설명할 수 있냐는 반문이 있을지 모른다. 그러나 인생의 x축, 즉 $y=0$의 기준이 사람마다 다른 주관적 기준임을 알아야 한다. 겉보기에 불행한 삶이라고 해서 어찌 한순간이라도 좀 더 기뻤던 순간이 없을 수 있을까. 평생 행복한 듯 보이지만 어찌 한 번도 우울한 순간이 없을 수 있을까. 결국 들여다보면 그 등락의 폭이 넓고 좁고의 차이일 뿐 모두의 인생은 삼차함수의 오묘한 곡선과 비슷한 개형을 띠고 있음을 알 수 있다.

$$(0+1+2+3+4+5+\cdots+19+20)^4=\infty$$

태어났을 때의 나는 숫자 0으로 표현할 수 있다. 무언가를 학습하지 않은 상태이기 때문이다. 하지만 한 살이 되었을 때 1 정도의 경험을 쌓고, 두 살에는 1+2 만큼의 경험을 쌓았다. 두 살이 되어 2가 아니라 1+2의 경험을 쌓았다고 생각한 이유는 누구나 이전까지 쌓아온 경험을 바탕으로 새로운 경험을 받아들이기 때문이다. 따라서 스무 살이 된 현재 나의 상태는 1+2+3+⋯+19+20 이다.

한편으로 앞으로 4년간의 대학생활은 덧셈이 아닌, 거듭제곱꼴로 표현했다. 4년간의 대학생활이 내 인생을 네제곱만큼 증폭해 줄 디딤돌이 될 것이라고 생각했기 때문이다. 지금까지는 부모님께서 원하는 대로, 또는 학교 선생님이 기대하는 방향으로 공부하고 행동했다면, 지금부터는 내가 하고 싶은 것은 무엇이며 내가 원하는 인생의 방향은 무엇인지 깊게 생각하는 시간을 가지고 싶다. 주변 사람의 시선을 의식하기보다 내 마음 속의 소리에 귀 기울여 나만의 색깔을 찾을 것이다. 어떻게 하면 스스로를 계발해서 가치를 높일 수 있을까 끊임없이 고민하는 대학 4년을 보내고 싶다.

노력하는 사람이 되자

$$1<100$$
$$1+1<100+0$$
$$1+1+1<100+0+0$$
$$1+1+1+1<100+0+0+0$$
$$\vdots$$
$$1+1+1+1+\cdots+1=101<100+0+0+0+\cdots+0=100$$

왼쪽은 "노력하는 사람이 되자"는 나의 좌우명을 표현하는 식이다. 1은 100보다 작다. 1+1도 100+0보다 작다. 1+1+1도 100+0+0보다 작다. 하지만 1이 무수히 더해져 101이 되면 100보다 커진다. "노력하지 않는 자, 언젠가 따라 잡힌다"는 것을 의미한다.

1234321

$$1\times1=1$$
$$11\times11=121$$
$$111\times111=12321$$
$$1111\times1111=1234321$$

삶을 한 마디로 정의를 내리기는 쉽지 않다. 그렇지만 '시작, 성장, 전성기, 정리, 마무리'의 공통적인 패턴을 가진다. 위의 곱셈식들도 그런 점에서 우리의 삶과 닮았다. 그렇다면 "삶의 패턴 5단계 중 어느 단계를 가장 좋아하는가?" 라고 사람들에게 물어본다면 많은 사람들은 아마도 '전성기' 단계가 가장 좋다고 대답할 것이다. 물론 나 역시 전성기단계도 좋지만 '정리' 단계도 마음에 든다. 이 단계에서는 바쁜 전성기 때는 결코 알 수 없는 삶의 교훈을 깨달을 수 있을 뿐만 아니라 지금까지의 자신의 삶을 되돌아보고 반성할 수 있기 때문이다.

또 위의 식들을 살펴보면 결과값이 1로 시작해서 다시 1로 끝난다. 사람들은 처음 시작할 때는 누구나 1부터 시작을 하게 된다. 그리고 살아가는 과정 속에서 누군가는 5라는 전성기에 만족해 살아가기도 하고, 또 다른 누군가는 8이라는 전성기에도 불만족해 살아가기도 한다. 하지만 마지막에는 모든 사람들이 1로 끝나게 된다. 그래서 난 개인의 자산, 사회적 위치도 물론 중요하지만 그보다도 자신의 삶에 대한 만족도가 가장 중요하다고 생각한다. 이런 점에서 현재 우리나라는 불행하게도 객관적인 삶의 질은 좋지만 주관적인 행복 수준은 낮은 편이다. 이를 해결하기 위해서는 너무 물질적인 것만 추구하기 보다는 자아존중감 등의 정신적인 부분을 더 신경 써야 한다고 생각한다.

끝으로 위 식들의 답에서 마지막 자리 수의 1도 그저 끝을 의미하는 것이 아니라 또 다른 시작의 1을 의미할 수도 있다고 생각한다. 삶이란 어찌 보면 죽는다고 그저 끝나는 것이 아니라 끝없는 순환이라고 볼 수도 있기 때문이다.

사람들의 관계와 이를 표현한 수식

사람들 사이에는 수많은 관계들이 있다. 그 중 나와 부모님, 나와 친구, 그리고 부부 이렇게 3가지 관계를 수식으로 표현해보았다.

① 부모님과의 관계는 1+2=1 로 표현할 수 있다. 여기서 좌변의 1은 내 자신, 2는 부모님 두 분을 뜻한다. 1이 2와 더해졌는데 3이 되지 못하고 1만 그대로 남아있다. 우변의 1은 좌변의 1과 같다. 2는 슬그머니 사라진 것이다. 이것은 부모님은 내가 떳떳한 어른으로 바로 서기까지 희생하면서 도와주신다는 의미이다. 내 인생을 위해 앞에 나서지도 않고 뒤에서 묵묵히 응원하며 지켜보시는 부모님들의 마음을 나타내 보았다.

② 친구와의 관계는 1+1=3$\mp\alpha$ (α $\geq$0) 으로 표현할 수 있다. 친구는 보통 서로 호감이 있는 사이니까 1과 1이 만났을 때 2보다는 좀 더 큰 3이라는 결과물을 만들어 낼 수 있다. 서로 나누는 풍성한 정도나, 함께 일을 한다고 했을 때의 결과물을 수치화 했을 때 말이다. 하지만 특수한 상황들이 있다. 친구도 친구 나름이지. 나와 정말 코드가 잘 맞고 단짝으로 지내는 친구가 있는 반면, 내 마음을 갉아 먹는 친구도 있다. 나와 잘 맞는 친구와 만난다면 3보다 커질 것이고, 나와 안 맞는 친구와 만난다면 3보다 작을 것이기 때문에 $\mp\alpha$ (α $\geq$0)를 넣어 주었다.

③ 부부간의 관계는 1+1=1+α (0$\leq\alpha$ <1) 로 표현할 수 있다. 몇 년 뒤 내가 결혼하게 되었을 때를 생각해 보았다. 내 가치관은 '부부는 일심동체' 라는 말을 그대로 따라간다. 두 사람이 부부가 되겠다는 서약을 했다는 것은 앞으로의 인생길을 함께 걸어가겠다는 의미로 해석할 수 있기 때문이다. 늘 같은 마음, 같은 생각, 같은 가치관을 가진 부부가 이상적이라는 의미에서 1+1=1이다. 하지만 아무리 부부라 해도 서로 다른 두 사람이기 때문에

모든 가치관이 일치할 수는 없다. 사람에게는 늘 자기만의 영역이 필요하고 부부지만 다르기 때문에 서로 보완해줄 수도 있다. 그런 의미에서 $+\alpha$를 추가했다. 하지만 그 다름이 각자가 부부가 되기 전 개개인으로 있을 때 보다는 작아야 하기 때문에 α의 범위를 $0 \leq \alpha < 1$ 으로 제한해 두었다.

20에다 1씩 더하기

나는 현재 20살이다. 여기에 1씩 점점 더했을 때, 수학적인 계산법으로 계산했다면

$$20+1=20$$

$$20+1+1=22$$

$$20+1+1+1=23$$

… 이었겠지만, 나만의 방식으로 계산한다면 조금 다르다. 나는 1을 단순히 숫자 1이 아니라 가능성이라고 생각하였다. 그렇다면,

$$20+1=201$$

$$20+1+1=2011$$

$$20+1+1+1=20111$$

… 과 같은 답을 얻어낼 수 있다.

설명을 하자면, 20살 성인으로의 인생을 시작하는 나는 앞으로 얼마나 더 성장할지 모르는 무한한 가능성을 가지고 있다는 것을

보여주기 위해 이러한 계산 방법을 사용하였다. 20에 1을 더하였다고 해서 단순히 21이 되는 것이 아니라, 비록 1을 더하였다고 하더라도 더 많은 것을 배우고 만들어낼 수 있다는 것을 알려주고 싶다. 그리고 이렇게 더할 수 있는 숫자들의 끝이 없는 것처럼, 내가 무언가를 이루어낼 수 있는 잠재력도, 하고 싶은 일도 무수히 많다.

7210 - 1=0

나의 좌우명은 '매일 최선을 다하자'이다. 이것을 표현한 수식은 바로 7210-1=0이다.

수학적으로 생각하면 7210-1의 값은 당연히 7209이기 때문에 설명이 필요할 것이다. 7210은 내가 태어났을 때부터 지금까지 살아온 날 수를 의미한다. 약 7000일 중 단 하루라도 없었다면 지금의 나는 아마 없을 것이다. 매일 매일이 건설적이었던 것은 아니지만 항상 하나라도 무엇인가를 배웠기 때문이다.

최선을 다하자는 생각 없이 의미 없이 시간을 보내다 보면 어느새 하루가, 또 어느새 일주일이 지나가 있다. 그러고는 '어제 ㅇㅇ을 했어야 했는데', '지난주에 좀 더 열심히 할걸'이라는 후회를 한다. 그래서 후회는 할 수 있더라도 미련은 없는 그런 날을 보내고자 하루하루 최선을 다하려고 한다. 지금까지 살면서 하루도 빠짐없이 최선을 다해 살았느냐고 묻는다면 그에 대한 대답은 '아니오'다. 그렇다면 지금의 너는 없는 것이 아니냐고 묻는다면 그 질문에 대한 대답도 '아니오'다. 최선을 다 하지 않은 날들이 있었기에 최선을 다해서 살아야겠다는 깨달음을 얻을 수 있었던 것이다. 그 날의 일들을 곱씹어보고 내가 반성해야 할 부분들에 대해 다시 생각하고 고쳐 나가길 노력하면서 또 성장을 할 수 있었다고 생각한다.

하지만 이제는 그런 깨달음을 얻었기 때문에 매사 최선을 다하면서 생활을 해야 한다. 지치고 힘든 날들이 있을 수 있지만 그럴 때에는 또 최선을 다해서 체력을 보충하고 쉬어가면서 끊임없이 발전하는 내가 되고 싶다.

오일러의 공식과 같은 삶을 꿈꾸며…

오일러의 공식은 e^{bi}=cosb+isinb이다. 여기에서 b 대신 원주율 π를 대입하면 $e^{i\pi}+1=0$ 이 된다. 아무런 관계가 없어 보이는 수를 자연스럽게 연결해주는 수식. 이 공식은 가장 아름다운 공식이라고 불리는데 그 이유는 복소수와 실수계의 연관성을 보여주기 때문이다. 자연수의 기본인 1과 원주율π, 자연로그의 밑 e, 허수 단위인 i, 아무것도 없는 수0이 가장 단순한 연산인 덧셈, 곱셈, 지수셈을 통해 단 하나의 공식에서 간결하게 결합되어 있다.

나는 저 오일러의 아름다운 공식이 나 자신의 삶과 같다는 생각이 들었다. 1은 나의 실체 자체를 의미한다. 끝이 없는 수이자, 원의 둘레와 길이의 일정한 비를 뜻하는 π 는 나의 내면 자체를 의미한다(원의 크기에 무관하게, 즉 어떤 상황에서도 일정한 비를 유지한다는 것은 내가 어디에 있는 나의 정신은 변하지 않는다는 것을 의미한다). e를 구하는 식은 나의 가치관을 의미한다.

$$\lim_{x \to \infty}\left(1+\frac{1}{x}\right)^{x} = e$$

여기서 x를 노력을 의미한다고 정의한다. 1/x는 x의 역수로, 노력의 역수, 즉 반대는 운이라고 볼 수 있다. 따라서 위의 식은, 무언가를 이루기 위한 노력을 무한대로 한다면, 운이 결과를 좌우할 가능성은 0에 가깝게 수렴하고(운에 의존하지 않는다는 의미이기도 하다.) 오직 노력에 의한 결과 e를 얻게 된다는 것을 의미한다. 따라서 저 식의 결과 e는 내가 이때까지 살면서 노력했던 것들의 성과물을 의미한다. 허수는 실수가 아닌 복소수이다. 전체 수의 집합에서 실수집합의 여집합이다. 따라서 허수 i는 내 주변의 환경을 의미한다. 0은 양수도 음수도 아닌 수다. 어디에도 치우치지 않는 수, 어디로도 치우치지 않고 곧게 걸어가는 수. 즉 내가 걸어갈 인생의 방향을 의미한다. 이렇게 나의 육체와 정신과 가치관과 환경이 결합하여 내가 나아갈 인생의 방향이 결정되는 것이다.

그러나 어렵게 생각할 것 없다. 왜냐하면, 저 모든 요소들은 가장 간단한 셈으로 연결 되어 있다. 즉, 세상에서 가장 간단하고 쉬운 원리로 결합되어 있는 것이다. 따라서 겁먹지 말고 꾸준히 걸어가야 한다.

사칙연산과 인간관계 속에서의 친밀도

더하기 : 누군가를 만나는 횟수가 증가함에 따라서 나의 EQ(감성지수)가 높아질 것이다. 따라서 나의 감정을 적절히 조절

할 수 있는 능력이 증가하고 이는 곧 타인을 대하는 태도로 비추어 질 것이다. 그럼으로 인해서 대인관계가 좋아질 것이고 친밀도가 증가할 것이다.

빼기 : 누군가와 의견이 맞지 않아 충돌이 일어날 경우 이를 원만하게 해결하지 못하면 친밀도가 감소한다. 하지만 화해를 하고 나면 빠진 수 혹은 그보다 더 많이 친밀도가 더해지는 경우가 있기 때문에 꼭 부정적인 것만은 아니다.

곱하기 : 마음이 맞는 어떤 누군가와 어떤 활동을 같이 하거나 아무에게나 말하지 않는 속마음을 털어놓을 때 친밀도가 배로 증가한다. 단순히 시간을 함께 보내는 것이 아니라 특별한 경험을 함께 했을 때 친밀도가 증가하는 폭이 훨씬 커질 수 있다.

나누기 : 상대방이 실망할 행동을 하거나, 싫어하는 행동을 했을 때 관계가 틀어질 수 있다. 이런 경우에는 친밀도가 확실히 반, 반의 반… 이렇게 큰 폭으로 낮아질 수 있다. 꼭 이런 일이 있지 않았어도 원래는 친밀했던 사이였는데도 불구하고 너무 오랫동안 만나지 않는다면 친밀도가 나누어질 수 있다.

$12 - 1 = -\infty$

'내 인생의 가치관은 무엇일까?' 생각을 해보았다. 나의 가치관은 항상 행복하게 사는 것이다. '그럼 지금 날 가장 행복하게 해주는 것은 무엇일까?'에 대해서 생각을 해보았다. 그에 대한 결론은 내가 항상 기댈 수 있게, 언제든지 의지할 수 있는 친구이다.

나의 가치관을 수식으로 표현하고자 했을 때 위의 질문에 대한 대답을 수식 안에 담고 싶었다. 지금 나에게 가장 중요하게 여겨지는 친구를 수식 속에 집어넣고, 그 안에 친구에 대한 나의 마음을 표현해보고 싶었다.

내가 생각하는 진정한 친구란 어떤 일이 있어도 나를 사랑해주는, 항상 나의 곁에 서서 언제라도 어깨를 빌려주는 존재라고 생각한다. 24년이란 인생을 살면서 나를 그렇게 대해주는 친구가 있을까 생각을 해보았더니 머릿속에 2명의 얼굴이 떠올랐다. 그 친구들이 있기에 지금까지 크고 작던 힘든 일에 쓰러지지 않고 잘 버텨온 거라 생각한다.

이 친구들을 떠올리면 만든 수식 $12-1=-\infty$에 대해 설명하자면 첫 번째 숫자 “1”은, 나를 의미한다. 그리고 뒤에 숫자 “2”는 나의 친구 2명을 의미한다. “- 1”은 그 친구 중에서 한명이 사라졌을 때를 의미하며, “$-\infty$” 는 한명이라도 사라졌을 때 나의 기분은 끝없는 절망과 두려움 속에 놓이지 않을까, 하는 생각에 적어봤다.

얼마 후 친구들과 나는 이제 각자의 자리를 찾아 떠나야 한다. 비록 몸이 멀어지더라도 지금처럼 끈끈한 정으로 이어진 인연이 계속되었으면 좋겠다.

항상 초심을 잃지 말고 살자

함수란 변수 x와 y가 있을 때, x의 값이 정해짐에 따라서 y값이 정해지는 관계에 있으면 y를 x의 함수라 한다. 만약 변수 x를 인간

(나)에게 주어지는 임의의 상황이라고 가정하면, 그에 따라 변하는 것이 변수 y, 즉 인간(나)의 마음이라고 볼 수 있다.

하지만, f(x)=1 함수는 x값과 상관없이 y값이 항상 1의 값을 가진다. 숫자 1은 처음, 시작을 의미한다. 따라서 위의 함수에서는 어떠한 상황에서도 항상 1이란 결과를 내기 때문에 결국 언제나 마음의 처음, 초심을 잃지 않는 것을 표현하는 것이라고 볼 수 있다. 따라서 f(x)=1 함수가 항상 초심을 잃지 말고 살자는 나의 삶의 가치관을 잘 표현한다고 생각한다.

방정식으로 표현한 나

방정식이란 식에 포함된 변수의 값에 따라서 참 또는 거짓이 되는 식을 말한다. 반대로 변수를 포함하는 등식이 변수의 값에 상관없이 항상 참인 경우를 항등식이라고 한다.

$$x+36+97x+24+18x-9=101x+86+20x-45-5x+10$$

그렇다면 위의 식은 몇 차 방정식일까? 언뜻 보면 1차방정식인 것처럼 보인다. 그래서 해가 하나일 것이라고 생각할 수 있다. 하지만 이 식은 동류항끼리 정리를 해주면 x에 0을 넣어도, 1을 넣어도, 2를 넣어도 항상 성립하는 항등식이다. 이 식이 내 좌우명을 잘 대변해 준다고 생각한다.

살아가다보면 많은 일들과 부딪히고, 선택의 기로에 놓이게 된다. 이 때 정답이 정해져 있다고 생각하면 그 하나의 정답을 찾아가기 위해서 ‘내가 선택한 것이 정답이 아니면 어떻게 하지?’ 걱정하며 나의 선택에 확신 없이 망설일지도 모른다. 하지만 나는 선택해야 하는 상황이 온다면 그냥 내가 옳다고 생각하는 것을 선택하는 것이 정답이라고 생각한다. 인생에는 딱 정해진 정답이 있는 것이 아니라 나의 선택과 이에 대한 나의 반응이 있을 뿐이라고 생각한다. 선택에 내가 만족하는 결과가 있으면 좋은 것이고, 그 선택에 만족하지 못하는 결과가 나오더라도 이를 극복하거나 시간이 더 걸리더라도 되돌아와서 좋은 결과를 낸다면 그것이 정답 아닐까?

즉, 항상 나의 선택에 자신감을 가지고 매 순간 충실하게 살자는 것이 내 좌우명이다. 따라서 방정식처럼 정해진 해가 있는 것이 아니라 내가 원하는, 선택한 어떠한 수라도 해가 될 수 있는 이 항등식이 나의 좌우명을 잘 나타내 준다고 생각한다.

$$\lim_{n\to\infty}(\text{노력}+\text{투자}+\text{운})^n=\text{성공}$$

하고 싶은 일이 있을 때, 그 일을 이루고자 하는 노력과 거기에 대한 투자, 그리고 운이 따라준다면 하고 싶은 일을 모두 이룰 수 있다고 생각한다.

고3 때 정말 가고 싶은 대학을 목표로 설정하고 그에 맞추어서 엄청난 노력과 투자, 그리고 때 맞추어 운도 따라줘서 좋은 결과를 낸 적이 있다. 이 경험을 통해 ‘정말 열심히 하면 안 되는 것은 없구나’라는 것을 느꼈고 지금도 그렇다고 믿고 있다. 그래서 이 생각을 마음속 깊이 간직해서 하고 싶은 일, 이루고자 하는 것을 다 이루고 싶다.

이를 수학적인 식으로 표현해 보았다. 노력, 투자, 그리고 운이 무한으로 많으면 성공이 따라온다는 것을 리미트를 이용하여 표현했다.

인생의 좌표

우리의 삶에서 '좌표'의 개념은 상당히 많이 쓰인다. 열차 좌석, 극장 좌석, 애니메이션 제작 과정 등 다양한 분야에서 좌표의 개념이 쓰이고 있다. 우리의 삶을 좌표에 표시한다면 지금 내 삶의 좌표는 몇 사분면에 존재하고, 최종적으로 어느 좌표를 향해 가고 있을까? (단, x와 y축만 존재하는 이차원 좌표에서 생각한다. 또한 x, y의 값을 각각 10과 -10까지로 한정하여 생각한다)

(0, 0)인 원점을 기준으로 봤을 때, 가장 좋은 삶은 2사분면이 될 것이고, 가장 좋지 않은 삶은 3사분면이 될 것이다. 내 삶의 좌표를 특정한 (n, m)으로 단정할 수는 없다. 현재 나의 삶은 적어도 3사분면에는 있지 않는 것 같다. 그렇다고 마냥 좋은 2사분면은 또 아니다.+와 - 가 적절히 섞인 1, 4사분면에 지금 위치하고 있을 것이다. 혹은 x축 위에 y축 위에만 존재할 수도 있다. 나의 삶은 n사분면 어느 좌표를 향해 가고 있을까? 아마 지금 내가 어떻게 행동하는 가에 따라서 내 미래의 좌표는 달라질 것이다. 최종적으로 약 (2, 3)에서 최종적인 삶의 좌표를 찍고 싶다. 왜냐하면 초심을 유지할 수 있는 위치이기 때문이다. (2, 3)의 좌표는 2사분면에 위치해있지만 언제든지 x의 값이든 y의 값이든 -로 떨어질 수 있다. 내가 한번이라도

현재에서 행동을 잘못하면 음의 값을 가질 수 있는 것이다. 따라서 늘 긴장하며 초심을 잃지 않고, 올바른 생각과 올바른 행동을 하려고 애써야한다. 내 삶의 좌표들을 선으로 이어 그래프로 나타내면, (2, 3)에서 끝나는 (n+1)차 함수(n=짝수, n > 1)로 표현될 수 있게 살아가야겠다.

'교학상장' : $a^2+b^2 < (a+b)^2$ $(0 < a \leq 10, 0 < b \leq 10)$

나의 좌우명은 가르치고 배우면서 성장한다는 뜻을 가진 사자성어 '교학상장'이다. 이를 수식으로 표현해보면 $a^2+b^2 < (a+b)^2$ $(0 < a \leq 10, 0 < b \leq 10)$라 할 수 있다.

여기서 a는 교사인 내가 낼 수 있는 능력이고, b는 학생이 낼 수 있는 능력으로 나타내었다. a와 b를 따로따로 제곱하면 그 크기가 최대 200밖에 되지 않지만 a와 b를 더해서 제곱하면 최대 400의 능력을 낼 수 있다는 것을 표현한 것이다. '교학상장'이라는 단어의 의미는 스승은 학생에게 가르침으로써 성장하고, 제자는 배움으로써 진보한다는 말이다. 교사가 아무리 열심히 한다고 해도 학생과 함께 하지 못한다면 그 능력을 다 발휘하지 못한다는 말이다. 나는 초등 교사가 되기 위해서 대구교육대학교에 진학했다. 참된 스승이란 학생과 함께 발전할 수 있어야 한다고 생각한다. 따라서 나는 이 '교학상장'이라는 말을 뜻을 가슴에 담고 학생들을 가르치려고 노력할 것이다.

무한등비 급수의 합

첫째항이 a≠0, 공비가 r인 무한등비급수

$$S = a + ar + ar_2 + ar_3 + \dots + ar_{n-1} + \dots$$

의 식이 있다. 공비 r을 일상에서의 내 관찰의 시야라고 봤을 때, ｜r｜ > 1 인 경우는 한 가지를 오래 보지 못하고, 너무 많은 것을 보려고 하는 상태이다. 공비의 절댓값이 1보다 크기 때문에 무한등비급수 $s = \lim_{n \to \infty} s_n = \lim_{n \to \infty} \frac{a(1-r^n)}{1-r}$ 는 발산한다. 결과값이 무한대로 발산하기 때문에 내가 발견한 수학적인 어떠한 것에서 철학적으로 의미를 읽어내는 수렴 값이 없는 것이다.

반면 ｜r｜<1인 경우 나는 일정한 대상만을 보려고 하므로 그 대상만큼은 잘 관찰하여 대상만의 수학적 철학적 의미를 발견한 수렴값이 있을 것이다. 즉, 공비의 절댓값이 1보다 작고, $\lim_{n \to \infty} r^n = 0$ 이므로 $s = \lim_{n \to \infty} s_n = \lim_{n \to \infty} a\frac{(1-r^n)}{1-r} = \lim_{n \to \infty} \frac{a}{1-r}$가 되어 무한등비급수는 수렴을 하게 된다.

나에게 어떠한 대상의 수학 철학적 의미가 수렴하기 때문에 대상의 의미를 발견할 수 있게 되는 것이다. 그냥 지나치는 것에도 공비 r을 -1에서 1의 범위에서 바라본다면 새로운 의미가 나타날 것이다. 한 번에 너무 많은 것을 알려고 노력하다가 아무것도 알지 못하는 것보다, 조금 욕심을 버리고 집중해서 보고자 하는 것만을 관찰하고 생각하고 싶다. 그렇게 차근차근 하나씩 알고, 새로운 의미를 부여하다 보면 나중에는 많은 것을 알게 되지 않을까?

나와 너의 만남

'나'는 한자로 '吾(오)'자로 너는 나와 '다른 異(이)'로 나타낼 수 있다. 이 음만을 숫자로 옮기면 '吾'는 5로, '異'는 2로 나타내어진다.

나와 네가 만나면 덧셈으로 표현하여 이는 5+2로 7이 된다. 그러나 나와 네가 머리를 맞대고 협력을 하게 되고, 감정의 교류를 갖게 된다면 이는 덧셈이 아니라 곱셈으로 표현되어 5×2로 10이 된다. 단지 만나기만 한 것 보다 더 큰 수를 얻게 되는 것이다.

앞으로 누군가와 만남을 갖게 된다면 그냥 같은 공간에 존재하는 것에, 그냥 어울리는 것에 만족하지 않고 다른 사람을 더 알아가고, 공감하는 더 적극적인 상호작용을 하여 더욱 돈독한 관계를 맺도록 노력하고 싶다. 마음을 나눌 수 있는 사람은 많으면 많을수록 좋기 때문이다. 그 사람이 물리적으로 가까이 있든, 아니든. 그리고 자주 만나거나 연락할 수 있든, 아니든.

다양한 다짐들, 그리고 그 안의 공통점

우리들은 앞으로의 대학생활을 하면서 혹은 앞으로의 인생을 살아가면서 수많은 다짐을 하고 목표를 세운다. 이를 수식으로 표현하면 다음과 같다.

4×88+13=1(=365) / (1+2+3+4+5+⋯)×0=0 /8+2=5+8

첫 번째 식은 4년 동안 팔팔하게 생활하는 13학번이 되겠다고 1년 내내 되뇌는 대학생이 되겠다는 다짐을 표현한 나의 목표와 다짐에 해당한다. 나와 같이 앞으로의 미래를 생각하며 꾸준히 다짐하며 하루하루 최선을 다하는 생활을 하자고 다짐하는 사람이 있는가 하는 반면, 두 번째 수식인 (1+2+3+4+5+⋯)×0=0와 같이 인생은 한방이기 때문에 사소한 것에 목숨을 걸지 않겠다는 사람도 있었고, 반대로 세 번째 수식과 같이 8+2라고 쓰인 종이를 거울이 비추어 보면 5+8이라고 보이게 되는 것처럼 상대방과 나의 시선이 다르다는 것을 인정하고 역지사지의 마음으로 배려하는 삶을 살아가겠다는 목표를 가진 사람도 있었다.

이렇게 각자 자신이 생활하면서 서로 다른 목표와 다짐을 하면서 생활하게 된다. 수학적인 공식이 아니더라도 수학적인 계산을 필요로 하지 않더라도 이렇게 간단한 수식들이 한 사람의 좌우명으로 목표로서 존재할 수 있는 것이다. 이 수많은 수학적 수식으로 표현된 좌우명과 목표들은 한 가지 공통점을 가지고 있다. 그것은 바로 생활에서 적용된 최선이라는 것이다. 세상에서 가장 큰 수가 존재하지 않는 것처럼 우리가 행동할 수 있는 최선이란 것을 정의하기는 어렵다. 하지만 우리는 하루하루 더 나은 삶을 살기 위해 노력하고 어제보다 오늘 더 최선을 다하고 오늘보다 내일 더 최선을 다하는 마음을 갖는다는 것이다.

이러한 방식으로 생각해 본다면, '(1+2+3+4+5+⋯)×0=0'이라고 표현된 인생은 한방이라는 저 좌우명도 어쩌면 좌변의 괄호 안에 들어가 있는 저 무한대로 더해지는 숫자들이 최선을 다한다는 뜻을 함축하고 있을 것이다.

또한 역지사지를 뜻하는 '8+2=5+8'이라는 수학적 수식도 다른 시선에서 본다면 남을 대하는 대인관계 속에서 최선을 다하는 태도를 지니겠다는 다짐을 함축하고 있기도 한다. 이처럼 우리는 ∞를 향해 끝없이 갈구하고 원하며 ∞를 향해 나아가는 것이다.

성공적인 삶의 기준과 로그부등식

한 사람의 인생이 성공한 인생인지를 판단하는 기준은 무엇일까? 그 사람이 평생에 걸쳐서 축적한 재산의 규모일까? 이를 로그부등식 $\log_a^m > \log_a^n$ 을 이용해 설명해보고자 한다. 이 부등식에서 m, n의 대소는 a의 크기에 의해 달라진다. a가 1보다 클 경우 부등식 그대로 m > n이지만, a의 크기가 0과 1 사이일 경우 m<n이다. 한 마디로 a의 범위에 따라 다른 결과가 나온다는 것이다.

개인의 성공 여부를 평가하는 것도 로그부등식과 같다. 물질적 재산의 기준으로 보면 어떤 사람이 성공한 사람으로 생각될 수 있겠지만, 또 다른 기준으로 보면 그 사람은 성공한 사람으로 비추어지지 않을 수도 있다. 예를 들어 막대한 부를 축적한 사람이지만 정신이 황폐한 사람이라면 재산의 측면에서는 성공하였지만, 정신의 측면에서는 아니다.

어느 날 뉴스에서 빈부격차 문제에 대해 다루는 것을 본 적이 있는데,

어느 날부터 나도 ‘돈이 많으면 행복하고, 돈이 없으면 불행하다’라는 지극히 편견에 치중된 생각을 하고 있었다는 것을 깨달았다. ‘내가 너무 현실에 찌들었나?’라는 생각도 들었었고 조금 내 자신이 한심해보였다. 사람의 행복은 돈이라는 잣대만으로 결정될 수 없는 것인데 말이다. 사람은 돈이 없어도 주변의 좋은 사람들이나 자신의 삶에 대한 만족 등을 통해서 충분히 행복할 수 있다. 개인의 인생은 각자 나름의 의미를 지닌다. 그렇기에 자신만의 성공적인 삶에 대한 기준을 세워 그에 맞게 살아갈 수 있도록 노력해야겠다.

$$F(x)= 2^{x}$$

나의 좌우명은 어떤 일을 하든 하나의 목표를 정했으면 그 목표만 이루려고 한계선을 긋는 것이 아니라 그것보다 더 많은 것을 이루기 위해 노력하자는 것이다. 지수함수의 특징 중x에 무슨 수를 넣든지 항상 넣은 그 수보다 더 큰 수가 나온다는 것이 있다. 어떤 과제나 일을 할 때 다른 사람이 한 것을 베끼거나 대충 해서 빨리 그 일만 끝내려고 하는 사람들이 있다. 하지만 이런 식의 일처리를 하면 받은 과제나 일이 정말 단순한 노동에 불과한 일밖에 되지 않고 발전에 아무런 도움이 될 수 없다. 그래서 나는 어떠한 일을 해야 할 때 빨리 대충 해서 끝내고 말자는 생각보다 받은 일을 통해 이 일이 나의 발전의 한 부분이 될 것이니 나를 위한 일을 하자는 생각을 갖는다. 또한 그 정해진 일에 한정되는 것이 아니라 더 나아가서 또 어떤 식으로 응용할 수 있을까하는 모험 정신을 가지고 탐구를 해 나간다면 그 일은 단순한 노동이나 곤욕이 아닌 발전의 밑거름이 될 것이다. 따라서 항상 정의역보다 치역의 값이 큰 $F(x)= 2^x$라는 지수함수처럼 투입되어야 하는 목표치보다 항상 더 많은 것을 얻어갈 수 있도록 노력하여 결과물을 배출하는 자세를 항상 가질 것이다.

A well-used minimum suffices for everything

나의 좌우명은 'Around the World in 80 Days'라는 책에 나오는 'A well-used minimum suffices for everything'이라는 문장이다. 이것을 수식으로 어떻게 표현할 수 있는가?

'A well-used minimum suffices for everything' 이라는 말은 주인공인 Phileas Fogg가 최소한의 시간으로 주어진 80일이 모든 것을 하기에 충분한 시간이라는 뜻으로 한 말이다. 여기서 '최소한' 이라는 말은 '이 일을 하려면 최소한 이 정도의 시간은 필요하다' 라고 할 때의 '최소한'과 같은 의미이다.

시간은 관리하기에 따라 똑같은 24시간이라도 다른 가치를 지닌다. 시간을 잘 활용한다면 최소한의 시간 내에서도 해야 할 일을 정확하게 끝마칠 수 있다. 계획을 어떻게 세우느냐 그리고 얼마만큼의 집중력을 가지고 행동을 하느냐에 따라 시간을 얼마나 밀도 있게 사용하였는지가 결정된다. 시간을 밀도 있게 단 한 순간도 허투루 보내지 않았을 때에만 '최소한의 시간이 모든 것을 충족'시킬 수 있다.

최소한의 시간이 주어진 일을 하기에 충분하다는 내용을 수식으로 표현하면 다음과 같다.

$$\lim_{노력\to\infty} \frac{1}{노력} + 최소한의\ 시간 = 어떤\ 일을\ 하는\ 데에\ 걸리는\ 시간$$

분모인 노력이 커질수록 최소한의 시간 이외에 드는 시간이 줄어들고 노력이 무한대로 향할 때 주어진 일을 최소한의 시간 내에 해결할 수 있다. 어떤 계획을 이행하기 위한 노력이 커질수록 그 일을 하는 데에 걸리는 시간이 줄어들 것이다.

Chapter 04 그래프로 표현한 좌우명

노력은 배신하지 않는다.

나의 인생그래프는 어떤 모양일까? 나의 좌우명인 ‘노력은 배신하지 않는다’를 로그함수로 표현해보았다. 로그함수 $y = \log_a x$(a > 0, a ≠ 1)의 그래프를 보면 밑인 a의 범위에 따라 아래와 같이 두 가지 형태의 개형으로 나타내어진다.

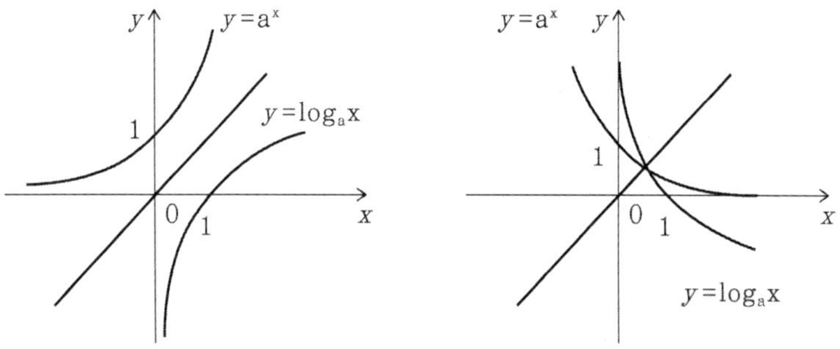

a > 1　　　　0 < a < 1

이렇게 두 가지 개형 중 나의 인생과 가장 닮아있고, 닮고 싶은 그래프는 a > 1일 때의 그래프이다. x축을 나의 나이, y축을 내 삶의 행복도 및 만족감 이라고 하자. 로그함수 그래프에서의 좌표 (1, 0)이 터닝 포인트라고 생각한다면 내가 어릴 땐 좀 힘든 삶을 살다가 터닝 포인트를 통해 나의 삶이 평탄해지고 삶에 대한 만족감도 점점 높아지는 것으로 해석할 수 있다. 내가 5학년이던 어린 시절, 아버지가 돌아가셨다. 이후 어머니가 홀로 나와 동생을 키우셔야했기에 아버지가 계실 때보다 여유로운 삶을 살 수가 없었다. 그래서 어릴 때부터 철이 일찍 들었으며 돈의 소중함을 알기에 점점 더 소비를

줄이고 나의 욕심을 억제하였다. 내가 사고 싶은 물건이 있더라도 그 욕구를 대부분 참았으며 돈과 관련된 일은 쉽사리 어머니께 요구하지 못하였다. 하지만 그러한 힘든 상황 속에서 내가 이 어려움을 이겨낼 방법은 공부를 하는 것뿐이라고 생각하여 공부에 매진하였다. 나의 다른 욕구들을 참아가며 다른 친구들이 놀 때에도 스스로 끊임없이 채찍질을 하며 노력을 하였다. 그 결과 중·고등학교를 좋은 성적으로 졸업할 수 있었으며 이렇게 교대에 올 수 있었다. 대학진학에 있어서도 최대한 어머니께 부담이 되지 않는 길을 선택하다보니 이렇게 교대에 입학한 면도 어느 정도 있다. 하지만 교대에서 이렇게 생활을 하고 있는 지금, 절대 의대나 다른 대학을 가지 못해 아쉽다거나 후회된다는 생각은 들지 않는다. 오히려 교대에 입학함으로써 어머니의 짐도 덜어드리고, 또 나의 적성과도 맞기 때문에 두 마리의 토끼를 모두 잡는 기회가 되었다고 생각한다. 어떻게 보면 교대의 입학이 나의 인생에 있어서 또 다른 터닝 포인트가 아닐까. 이제 교대에 입학하여 안정된 미래가 보장이 되었기 때문에 앞으로 나의 인생에 있어서 큰 어려움은 별로 없을 것 같다. 교대를 졸업하고 임용고시를 통과하여 교직에 선다면 점점 더 나의 삶에 대한 만족도는 상승할 것이다. 물론 중간 중간에 힘든 점도 있겠지만 그 어려움들이 나의 인생 그래프를 하락세로 이끌 만큼 강력하진 못할 것이다.

큰 어려움을 일찍 만나면 미리 좌절할 수도 있지만, 만약 그 어려움을 잘만 극복해 낸다면 이 후 만나는 어려움들은 상대적으로 쉽게 해결해 나갈 수 있을 것이다. 난 어린 시절의 어려움을 정말 잘 극복했다고 생각한다. 좋은 선생님들을 만나고 좋은 환경에서 긍정적인 영향을 받으며 자랐기에 이렇게 엇나가지 않고 바르게 잘 자랄 수 있었다. 이렇게 어려움을 극복해 낸 나의 경험은 이 후 내 삶을 성장시키는 데 있어 큰 양분이 될 것이라고 확신한다.

내 인생의 지수 a는 1보다 큰가?

내 인생의 좌우명은 '주어진 상황에서 항상 최선을 다하자'이다. 이를 수학적으로 표현하기 위한 도구로 지수함수를 선택하였다. $y=a^x$ 지수함수의 개형은 a의 범위에 따라 2가지의 경우가 나올 수 있다. y를 나의 가능성, x를 선천적인 배경, a를 후천적인 노력이라고 생각하였다. 자신이 아무리 경제적으로 부유한 가정에서 자랐거나 지능이 뛰어나게 태어났더라도, 자신이 한 노력의 크기인 a가 1보다 크지 못하다면 계속 나의 가능성은 작아지고 내 삶은 초라해질 뿐이다. 하지만 선천적인 배경 x가 조금 작더라도 1보다 큰 정도의 노력을 꾸준히 하게 된다면 무한대로까지 커질 가능성이 있다. 이를 통해서 금 수저, 은 수저라는 말이 많이 나오고 있는 지금, 자신의 배경을 탓할 것이 아니라 자신을 발전시키고 성장하기 위해서 더욱 더 많은 노력을 해야겠다는 생각을 하게 되었다. 지금 나의 삶의 지수함수에서 a는 1보다 큰가?

학생들의 성장을 통한 교사의 성장

나의 교육적 가치관은 '학생들의 성장을 통한 교사의 성장'이다.

이런 나의 교육적 가치관을 삼차함수의 그래프로 나타내었다. x > 0, y > 0일 때, x를 학생의 성장, y를 교사인 나의 성장이라고 생각하였다. 학생들의 성장의 원동력은 어떠한 문제나 시련을 극복하는 데에서 나온다고 생각한다. 따라서 교사인 나의 발전은 이러한 문제나 시련의 상황을 어떻게 함께 해결해나가는가에서 비롯되는 것이다. 따라서 이러한 나의 가치관을 아래 그래프와 같이 표현했다. 학생들의 상황을 함께 헤쳐 나가다보면 교사도 잠시 주춤할 수 있지만 마침내 해결하고 나서는 훨씬 더 큰 도약이 일어난다는 것을 담고 있다.

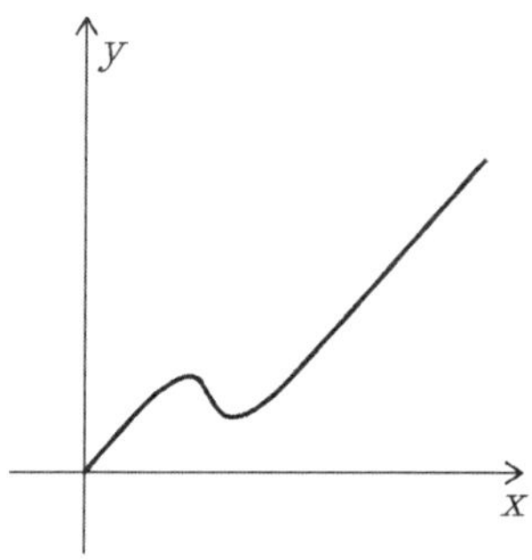

여기에서 독립변수가 학생들의 성장이고 종속변수가 교사의 성장인 이유는 학생들의 성장이 우선시되어야 하고, 그것이 선행되어야 교사의 성장이 일어나기 때문이다.

나의 성격은 y=ax+b

나의 성격은 y=ax+b(a는 0이 아닌 모든 수)이다. 어릴 적부터 부모님한테 '너는 너무 고집이 세서 탈이다'라는 이야기를 많이 들어왔다. 남들이 아니라고 말할 때 아닌 것을 알면서도 나도 모르게 오기로 맞다고 고집부릴 때가 종종 있었기 때문이다. 어쩌면 이 성격은 더불어 살아가는 이 사회에서 나 자신을 송곳 같은 존재로 만들어 버릴 지도 모른다. 하지만 개화기 시기에 단발령을 반대하며 “내 목을 자를지언정 상투는 자를 수 없다”고 말한 최익현과 같이 가끔씩은 내가 옳다고 생각하는 것은 다수가 아니라고 하더라도 소신껏 밀고 나가는 것도 중요하다고 생각한다. 그러기 위해서는 물론 우선적으로 옳다고 생각하는 것들이 그릇된 방향으로 나아가지 않게 가능한 내 생각과 이상향을 도덕적 검증을 철저하게 거쳐야 한다. 이러한 나의 성격을 표현하는 함수는 한 방향으로 곧게 나아가는 일차함수 y=ax+b라고 생각한다.

주관에 따른 삶

나는 지금까지 $f(x)=x$의 삶을 살아왔다. 즉 주입한 대로 값이 나오는 그런 삶을 살아왔다는 것이다. 초등학교, 중학교, 고등학교의 학창 시절 동안 내 주관대로 행동하기 보다는 주변 어른들, 부모님의 조언대로 행동하고 결정을 하였다. 그래서 나의 인생은 sinx 그래프나 cosx 그래프처럼 굴곡진 인생이 아닌 정말 평탄한 인생을 살아왔다. 하지만 앞으로는 나의 주관을 갖고 행동하고자 한다. 이런 것이 익숙하지 않기 때문에 처음에는 고민을 오래 해서 시간이 지체될 수도 있고, 옳지 않은 결정을 할 수도 있다. 하지만 이 또한 내가 성장하는 과정이고 더 나은 내가 되기 위해 꼭 거쳐야 하는 단계라고 생각한다. 이렇게 내가 하는 결정들이 보다 나의 주관에 따라 이루어지도록 하기 위하여 앞으로는 mine을 뜻하는 m이라는 상수를 포함해 $f(x)=mx$의 삶을 살도록 노력할 것이다.

y=x로 풀어보는 나 자신

나 자신을 수학적으로 표현하면 y=x이다. 어린 시절 나는 소심하고, 여리고, 걱정도 많은 아이였다. 특히 새로운 일을 시도하는 것을 힘들어해서 새로운 도전을 해야 할 때 마다 어려움을 겪었다. 나를 가장 힘들게 했던 생각은 '과연 정말 내가 잘 하고 있는 걸까', '이 일의 결과가 좋지 않으면 어떡하지?'와 같은 걱정들이었다.

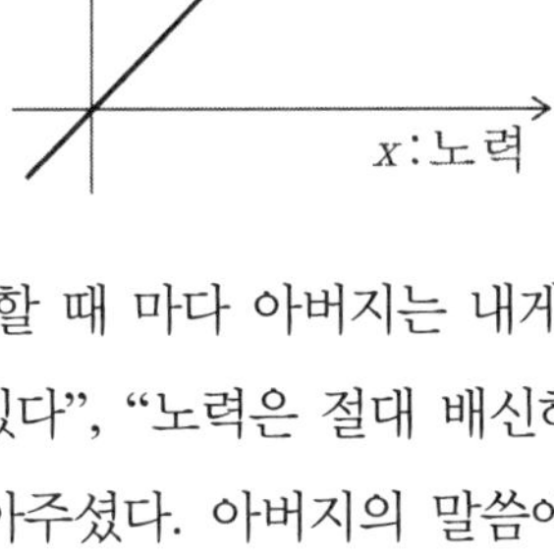

내가 이런 걱정을 할 때 마다 아버지는 내게 "결과는 네가 얼마나 노력하느냐에 달려 있다", "노력은 절대 배신하지 않을 것이다"라고 하시며 용기를 북돋아주셨다. 아버지의 말씀에 힘입어 나는 익숙지 않은 것들에 대한 도전을 할 때의 불안함을 극복하고 늘 나 자신을 믿으며 목표를 위해 열심히 노력할 수 있었다. 그리고 지금껏 내가 많은 일들에 도전하고 노력하며 얻은 결론은, 아버지의 말씀처럼 정말 노력은 절대 배신하지 않는다는 것이다.

y=x라는 식에서 x는 내가 목표를 위해 기울인 노력으로, y는 그로부터 내가 얻은 결과와 가치라고 생각하였다. 즉, 내가 목표를 위해 기울인 노력 값이 클수록 내가 그로부터 얻는 결과나 가치 또한 값지다는 것이다.

여기에서 말하는 결과란 단순한 목표의 달성 또는 성공을 가리키는 것이 아니다. 비록 원하는 목표에 완벽하게 도달하지 못 하고, 도전에 실패하더라도 내가 그 일을 위해 진정으로 노력하며 가치 있는 경험을 한 것 그 자체로 노력의 결과는 충분히 성공적이라고 생각한다.

예를 들면, 나는 다섯 살부터 열여섯 살까지 십 년이 넘게 바이올린 전공을 준비했었다. 때로는 이른 아침부터 늦은 밤까지 계속되는 연습에 지쳐 녹초가 되기도 했고, 열심히 한 것에 비해 실력이 늘지 않아 답답한 마음이 들기도 했으며, 선생님의 호된 꾸지람에 속이 상해 연습실 한 구석에 틀어박혀 엉엉 울기도 했다. 그리고 결론적으로 나는 열일곱 살이 되던 해 오랫동안 준비하던 바이올린의 길을 접고 다른 길로 들어서게 되었다.

원하던 목표에 완벽하게 도달하지는 못 했기에 누군가는 나의 도전에 별다른 성과가 없었다고 생각할 지도 모른다. 하지만 그 10여년의 시간동안 나는 그 누구보다도 열심히 간절하게 노력했던 경험을 얻었고, 때로는 나의 노력에 따른 짜릿한 성취감을 맛보았고, 음악을 진정으로 즐기고 사랑할 수 있게 되었다. 그렇기에 나는 그 자체로 나의 노력과 도전이 충분히 가치 있고 값졌다고 생각한다.

이 경험을 통해 내가 다시 한 번 깨달은 것은 노력하지 않는다면 얻을 수 있는 것 또한 아무것도 없지만 스스로 목표를 이루기 위해 노력하는 한 결과 또한 배신하지 않고 내가 공을 들인 만큼의 값진 성과를 내 주기 마련이라는 것이다.

그렇기에 나는 내가 목표를 위해 x만큼의 노력을 한다면 결과 y 또한 그 노력만큼의 성과를 분명히 가져다준다는 점에서 y=x로 나를 표현하고 싶다.

벡터와 삶의 유사성

$\overrightarrow{(1,1,1)}$과 $\overrightarrow{(2,2,2)}$는 크기는 다르지만 방향은 같은 벡터이다. $\overrightarrow{(1,1,1)}$, $\overrightarrow{(-1,-1,-1)}$는 크기는 같지만 방향이 다른 벡터이다. 이와 같이 사람들은 추구하고 하는 목표의 방향과 크기가 모두 다르다.

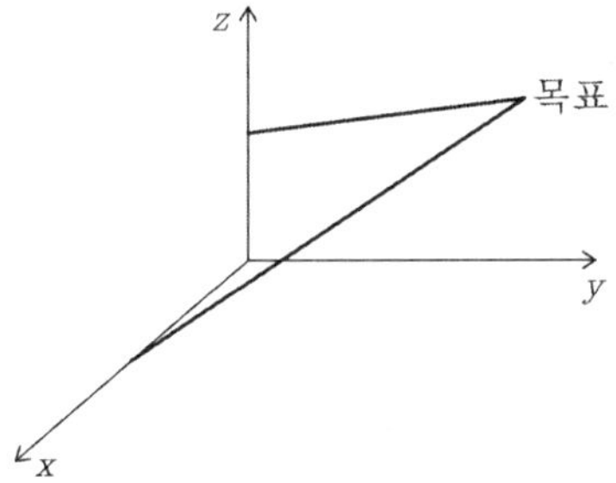

또한, $\overrightarrow{(1,1,1)}+\overrightarrow{(2,2,2)}=\overrightarrow{(3,3,3)}$과 같이 같은 목표를 추구하고 있다면 힘을 합치면 더 빠르고, 강력하게 자신의 목표를 향해 갈 수 있지만, $\overrightarrow{(1,1,1)}+\overrightarrow{(-1,-1,-1)}=\overrightarrow{(0,0,0)}$과 같이 추구하는 바가 전혀

다르고 성격도 다르다면, 0의 지점에 머무를 수도 있다. 이러한 면에서 벡터의 연산과 벡터 자체는 사람과 참 닮았다고 생각한다.

그리고 서로 출발지점은 다르더라도, 노력(벡터의 크기)과 알맞은 방향으로면 향하면 목표를 달성할 수 있다. 설사 방향이 틀렸더라도, 다시 그 지점에서 목표를 향해 노력하면 시간(크기)는 더 들겠지만 목표를 이룰 수 있다는 점이 사람과 유사하다.

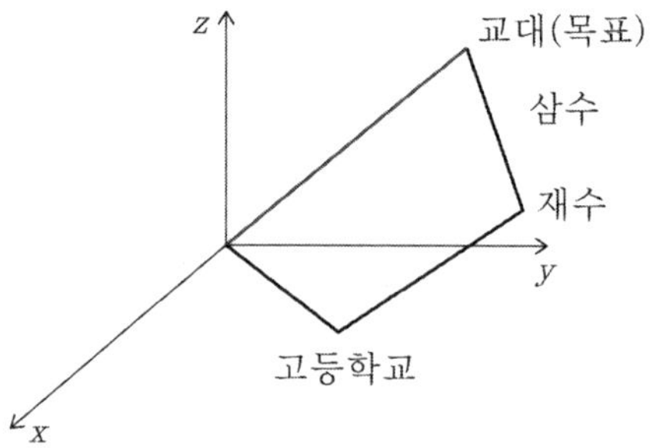

나의 경우에도 공대라는 다른 목표를 추구했었지만 나의 길이 아니라고 느낀 후 교대라는 목표로 선회한 삼수생활을 더해보면 결국 처음의 방향과는 다르지만 돌아와서라도 목표를 이룬 나와 닮았다고 생각한다.

y=sin x

나의 삶에서도 힘든 기억은 많다. 한국을 떠나 영국에서 살면서 여러 차별과 언어적, 문화적인 어려움에 처한 적도 있었고, 평생 함께 할 줄 알았던 사람들과 이별한 적도 있다. 힘들다고 듣던 고3 시기는 겪어보니 정말로 힘들었고 대학에 오게 되며 인간관계를 유지하고 이어나가는 것에도 여러 가지 갈등이 있었다. 스스로 긍정적인 편이라고 생각했지만 그럴 때마다 좌절하기도 했다. 그러나 그 일들을 지나면서 기쁜 일들을 떠올릴 수 있었다. 그런 갖은 차별 속에서 열심을 다하자 인정받고 더 넓은 경험을 쌓을 수 있었고, 그 이별을 거쳐 더욱 소중한 사람을 만나기도 했다. 힘든 고3 시기를 지나 교대에 오겠다는 오랜 꿈을 이루게 되었고, 대학을 와서 정말 좋은 관계들을 이어나가고 있다. 인생은 때론 내 뜻대로 되지 않는다. 그렇기에 지금 내가 잘되고 있다고 방심할 수 없고, 지금 내가 힘들고 고통스럽다고 해서 좌절할 수 없다.

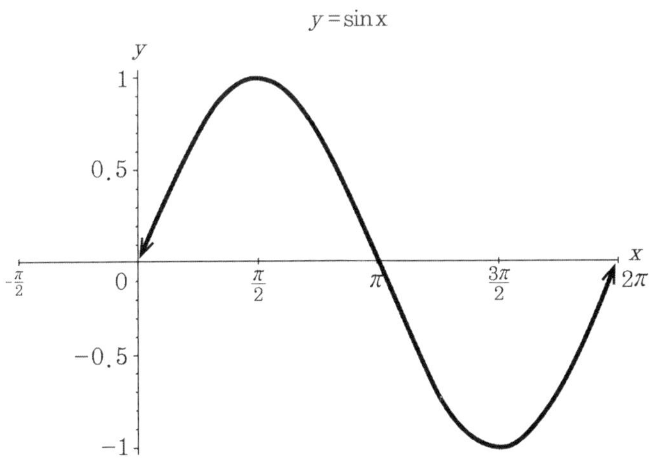

그래프에서 y축을 만족도로 두고 x축을 시간으로 생각할 때 지금 좋은 일이 있으면 또 안 좋은 일이 있기 마련이고, 지금 힘든 시기를 겪고 있다면 나중에는 또 기쁜 일이 있을 것이다. 그러나 이 식이 현실과 완전히 대응한다고는 할 수 없다. 현실에서 만족과 불만족에는 이 그래프에서처럼 일정한 주기가 있는 것이 아니기 때문이다. 하지만 내가 지금 느끼는 것이 기쁨이든 슬픔이든, 저 그래프는 끊임없이 이어간다. 앞으로의 삶은 더욱더 롤러코스터같을 지도 모른다. 하지만 이제 나는 확신할 수 있다. 내가 마주하는 것이 힘든 일이든 기쁜 일이든, 내가 그것에 최선을 다할 때 더욱 더 성장한 자신을 발견할 수 있을 것이라고.

가우스 함수로 본 내 인생-1

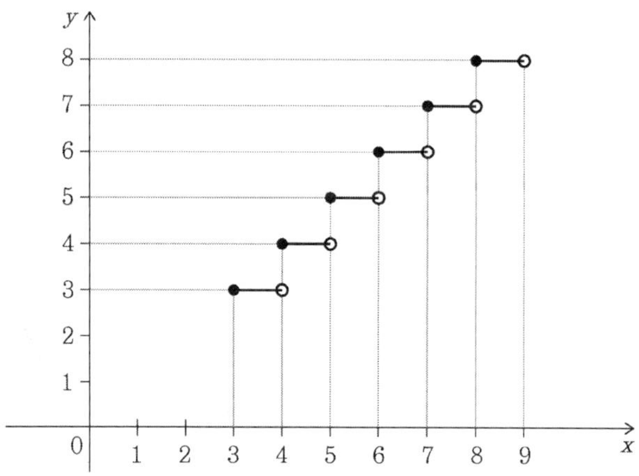

나는 남들보다 조금 늦는 편이라는 말을 많이 듣는다. 이해를 하는 데에도, 배운 것을 내 것으로 만드는 데에도 친구들보다 시간이 조금 걸린다. 하지만 꾸준히 내 자리에서 묵묵히 노력하여 목표한 바를 조금씩 이루어가고 있다. 마음이 조급해질 때도 있지만 항상 당장 결과가 나타나지 않더라도 제 자리에서 끊임없이 노력하면 언젠가 결과는 나타나기 때문에 순간의 결과에 실망하지 않고 계속 노력하자는 생각을 한다. 이러한 좌우명에 가장 어울리는 수학적인 표현은 가우스 함수라고 생각한다. $y=[x]$ 가우스함수에서 $n \le x < n+1$일 때 y는 항상 n의 값을 갖는다. 하지만 n+1이 되는 순간 y의 값이 1이 커진다. 이를 나의 좌우명과 연결지어 가우스 함수의 x의 값은 노력, 시간 y의 값은 결과, 즉 성취도라고 생각했을 때, x의 값이 조금 바뀌어도 y값은 바로 바뀌지 않는다. 하지만 x의 값을 일정량 꾸준히 증가시키다보면 어느새 y의 값은 훌쩍 뛰어버린다. 따라서 가우스 함수가 나의 좌우명을 가장 잘 표현한다고 생각한다.

가우스 함수로 본 내 인생-2

다양한 수학 기호와 공식은 수학 문제 속에서만 아니라 생활 속에서 그 의미를 유추할 수 있다. 그 중에서도 가우스 함수를 살펴보고자 한다. 가우스 기호와 그래프로 설명할 수 있는 것은 **"변화한 나 자신과 나의 인생"** 이다. 이렇게 생각한 이유를 구체적으로 살펴보자. 예를 들어, 만약 가우스 기호 안에 8.3456이란 수를 넣는 다면 [8.3456]의 모양이 된다.

여기서 정수부분을 나의 장점이고 소수부분을 내가 생각하는 단점, 또는 남들이 생각하는 단점이라고 정의하자. 나의 장점은 차분하고 꼼꼼한 성격이고 나의 단점은 소극적이고 수줍음이 많은 성격이다. 나는 단점을 부끄러워하여 드러내기를 꺼려했었다. 하지만 생각을 고치고 "소극적이라는 단점이 긍정적으로 보면 차분하고 꼼꼼한 성격으로도 보일 수 있겠구나"라고 생각했다. 이런 나의 생각 과정에서 가우스 기호를 떠올렸다. 가우스 기호 안에서 소극적임이라는 나의 단점이 비슷한 특성의 성격이지만 긍정적인 성격에 속하는 차분하고 꼼꼼하다는 장점과 결합하여 결과적으로 장점으로 나타낸다고 자의적으로 해석했다. 이 뜻은 아예 단점이 소멸한다는 것이 아니라 단점마저도 장점으로 보이게 할 수 있는 나의 독특한 성격과 마음가짐을 이 가우스 기호를 통해서 표현 한 것이다. 물론 단점이 없는 것이 좋은 것만 이라고 할 수 없다. 하지만 여기서 나는 단점을 없앤다기보다 이 단점마저도 긍정적으로 생각하여 삶을 살아가는데 있어서 장애물이 되지 않도록 하는 것이다. 단점으로 인해 피해를 보는 것이 아니라 이 단점으로도 가치로운 행동으로 바뀔 수 있는, 즉 단점마저도 장점 화할 수 있는 나의 능력을 말하고자 하는 것이다. 그리고 **가우스 그래프의 계단 모양을 통해서 수학적 성장이 단계적**으로 이뤄질 것이라는 전망을 나타낸다. 생활 수학 강의를 처음 들었을 때는 생활 수학의 정의조차 뚜렷하지 않았지만 지금은 나만의 생활 수학 정의를 표현할 수 있을 만큼 성장했다고 생각하기 때문이다. 아직은 계단을 반 정도 밖에 오르지 못했지만 꾸준한 수학적 사고과정을 통해 계단을 모두 오르는 기쁨을 맞이하고 싶다.

주변 사람들에게 꼭 필요한 사람이 되자

내 좌우명은 '주변 사람들에게 꼭 필요한 사람이 되자'다. '주변 사람들'이란 내가 속한 다양한 집단 내의 사람들을 의미한다. 집단은 동아리, 가족, 교육학과 등 다양하게 존재할 수 있다. 나는 성격이 유해서 어렸을 때부터 모든 집단 내의 사람들과 조화롭게 어울리고, 그들에게 도움 줄 수 있는 사람이 되기 위해 노력했다. 하지만 의도치 못하게 사람들에게 불신을 받게 될 때나 불화가 일어날 때도 있어서 내 자신의 행동에 대해 반성했던 경험도 많다. 그 동안의 경험들을 통해서 알게 된 것은 같은 집단에 속해 있을지라도 그 집단을 구성하는 구성원 개인 개인은 모두 각자의 성격, 개성이 있는 서로 다른 사람들이라는 것이다.

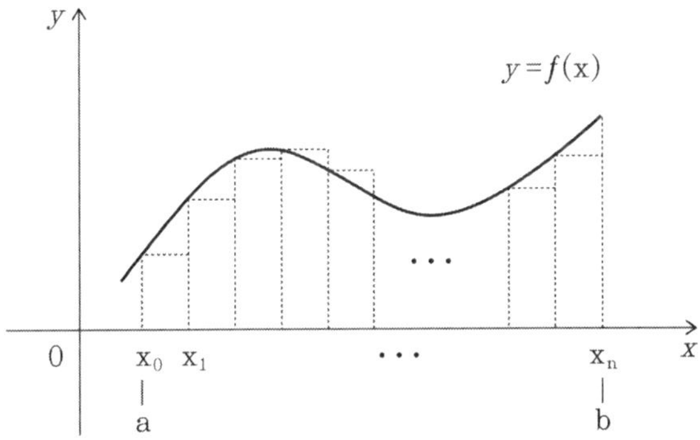

나는 구분구적법이 집단 내의 상황을 가장 잘 나타낸다고 생각한다. $f(x_1)\triangle x$, $f(x_2)\triangle x$, ⋯ $f(x_3)\triangle x$이 집단 내의 개개인을 나타내고,

$$S_n = f(x_1)\Delta x + f(x_2)\Delta x + \ldots + f(x_n)\Delta x = \sum_{k=1}^{n} f(x_k)\Delta x$$ 공식에서

의 S_n이 한 집단을 나타낸다. 보통 S_n 그 자체만 보고 그것을 구성하는 부분들에는 소홀하기 쉽지만, 단 하나의 $f(x_n)\triangle x$라도 없다면, S_n을 이룰 수 없다. 나는 이렇게 꼭 없어서는 안 될 하나의 $f(x_n)\triangle x$가 되고 싶다. 타인에게 필요한 존재가 되기 위해서는 집단 내에서의 나의

역할을 충실히 수행하는 것과 서로 간의 관계가 중요하다고 생각한다. 그렇기 때문에 구성원 한 명 한 명의 소중함을 알고, 그들과 나의 다른 점을 이해할 수 있는 마음을 가지려고 계속해서 노력하고 싶다.

다양한 함수로 본 인생살이

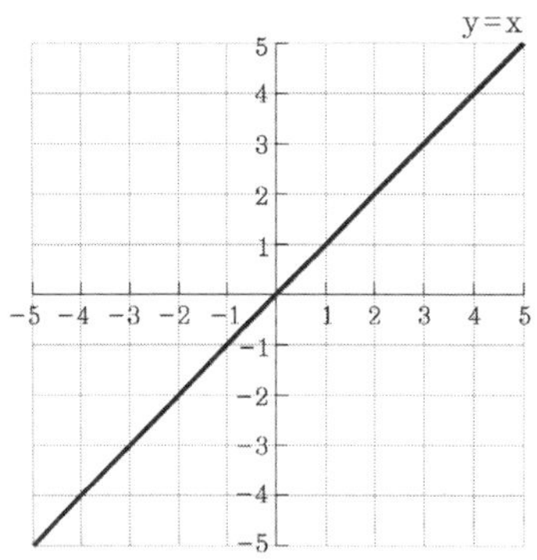

〈 y=x 그래프 〉

x축 : 노력
y축 : 보이는 성과

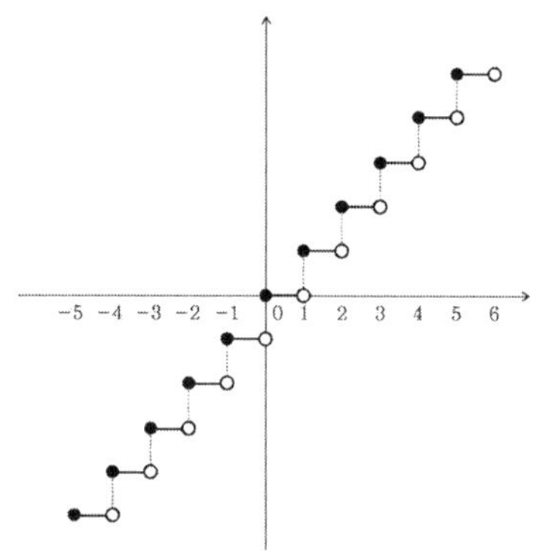

〈 y=[x] 그래프 〉

x축 : 겉으로 드러나는 노력
y축 : 보이는 성과

우리 주변을 둘러보면 아주 다양한 사람들과 함께 살아가고 있음을 알 수 있다. 그 중 나는 어떤 사람일까? 나는 y=x형 인간이라는 결론을 짓게 되었다. 먼저, y=[x]형 인간은 겉으로 보기에는 아무것도 하지 않는 것처럼 보인다. 하지만 사실 그들은 머릿속으로 늘 복잡하고, 획기적인 문제들을 생각하고, 고민함으로써 무언가를 깨닫고, 사고를 확장시켜 나간다. 따라서 제 3자인 우리들이 보기에는 y=[x]그래프처럼, 어느 순간 한 단계씩 성장해 있는 것처럼 보이기도 한다. 하지만 나는 1만큼의 노력을 했다면, 1만큼의 결과가 바로 나타나기를 기대하고 실제로도 그런 편이라 천재 형 인간인 y=[x]과는 많이 다르다.

물론 노력한 만큼의 결과가 바로 나타나지 않을 때도 아주 많다. 그렇더라도 실망하지 않고, 끝까지 포기하지 않는 자세를 가지고자 노력하고 있다. 사실 이런 나도 살다보면 1만큼의 노력을 했지만, 그 이상의 결과를 나도 모르게 기대하는 경우도 있다. 그러나 자신이 한 노력만큼의 결과를 받았다면 이를 인정하고 만족해야 한다고 생각한다. 살아가면서 항상 y=x그래프를 생각하면서 차근차근 노력해서 그 만큼의 성과를 내어 이에 만족하는 삶을 살아가도록 할 것이다.

정규분포 곡선으로 표현 하는 나

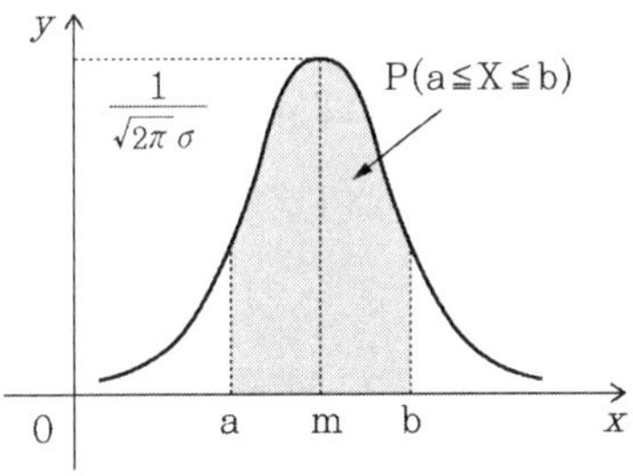

정규분포곡선으로 앞으로의 나의 인생에 관한 목표를 설정해 보았다. 선생님이 되기 위한 꿈을 이루기 위해 교대에 입학 하여 교육과정을 이수 하고 있는 나는 지극히 평범한 학생일 뿐이다. 즉, 색칠되어 있는 영역 P에 해당하는 사람이다. 하지만 교육대학교를 졸업하고 선생님이 되어 교단에 섰을 때는 나만의 교육철학을 갖고 학생들에게 유익한 가르침을 줄 수 있는 특별한 선생님이 되고 싶다. 즉, X > b 영역에 해당하는 사람이 되고 싶다.

$$f(x) = x^{2n+1} (n = \text{자연수})$$

내 삶에 적용할 수 있는 수학공식은 f(x)=x^{2n+1}(n=자연수)이다. 이와 같이 표현한 이유는 x의 지수가 홀수인 함수 그래프가 x의 값이 커질수록 계속 위로 뻗어나가는 형태를 띠고 있기 때문이다. 여기서 x는 시간이 계속해서 흐르고 있을 때 매 순간 흐르는 시간을 값으로 나타낸 것이고, 그에 따른 함수 값 y가 나의 인생의 흐름을 나타낸 것이다.

더불어 f(x)= x^{2n+1}을 미분한 식을 보태고 싶다. 미분을 간단히 순간의 변화율이라고 생각해보았을 때, 매 순간 조금씩 변화하는 나의 모습을 이 식에 적용할 수 있겠다고 생각했다. 매일을 열심히 공부해도 큰 발전이 없이 제자리걸음인 것만 같던 시간들이 있었고, 내가 다시 입시 공부를 하는 것이 옳은 것인가 수없이 고민하던 시간이 있었다. 다행히 좋은 결과를 얻어 현재 즐거운 학교생활을 하고 있는 것에 감사하고 있지만, 지난 그 시간들을 극복해낸 것이 지금 생각해도 내 스스로 얼마나 대견한지 모른다. 이러한 나의 지난 시간들을 f(x)= x^{2n+1}의 공식에 대입해보자면 태어난 이후부터 쭉 상승 그래프를 그려오던 나에게 시간이 멈춘 것처럼(x가 0일 때) 침체되어 성장이 보이지 않던 시기가 있었고, 이를 극복해내 다시 상승구도를 그리면서 내가 하고 싶은 일들을 이루어 나가면서 즐겁게 대학 생활을 하고 있는 지금 순간의 나의 모습을 표현하고 있다. 또 이 순간이 지난 후에 앞으로의 미래의 나의 그래프 역시 행복하고 즐거운 일들로만 구성되길 바라면서, 앞으로도 쭉 성장할 나의 모습을 기대하며 상승하는 그래프가 지속될 것이라고 생각해본다.

그래프 종류로 본 삶의 이해

그래프의 종류는 매우 다양하다. 함수의 최고차항의 차수에 따라서 일차함수, 이차함수 등으로 구분할 수 있는데 그 중 일차, 이차, 그리고 삼차함수의 개형을 삶과 관련지어 생각해보았다. 먼저 그래프에서 한 점에서의 기울기가 양의 값을 가질 때 삶에 있어서 긍정적인 태도를 나타내고 한 점에서의 기울기가 음의 값을 가질 때 삶에 있어서 부정적인 태도를 나타낸다고 생각해보자. 예를 들어 일차함수 $y=ax+b$에서 $a > 0$일 때의 그래프는 인생을 항상 긍정적인 태도로, $a<0$일 때의 그래프는 인생을 항상 부정적인 태도로 바라보고 있다고 해석할 수 있다. 그렇다면 이차함수, 더 나아가서 삼차함수에서는 어떨까?

이차함수 $y=ax^2+bx+c$에서 $a > 0$일 때, 아래로 볼록한 모양이다. 이때의 삶의 모습은 수많은 시련과 고통으로 삶에 대한 의욕이 점점 사라지고 모든 일에 용기를 가지지 못하지만 삶에 있어서 깨달음을 주는 시점(꼭짓점)에서 큰 깨달음을 얻고 다시 삶에 있어서 용기를 가지고 목표를 세우고 달려 나가는 모습을 나타낸다고 할 수 있다. 이와 반대로 $a<0$일 때, 삶에 있어서 목표를 가지고 달려 나가던 중에

어떠한 큰 시련(꼭짓점)을 만나 좌절하여 포기하는 모습을 나타낸다고 할 수 있다.

삼차함수 $y = a^3 + bx^2 + cx + d(a \neq 0)$ 일 때는 이 함수의 도함수가 서로 다른 두 실근을 갖는 경우, 중근을 갖는 경우, 서로 다른 두 허근을 갖는 경우로 그래프의 모양이 구분된다. 대표적으로 도함수가 서로 다른 두 실근을 갖고 $a > 0$인 삼차함수를 생각해보면 삼차함수에서의 삶의 모습은 인생에서의 한 번의 최고 시절(극댓값)을 겪지만 이를 통해 자만한 뒤 스스로 노력을 하지 않고 추락(극솟값)하게 된다. 하지만 추락 후 다시 큰 깨달음을 얻어 원래의 최고의 자리로 향하기 위해 노력하는 모습을 나타낸다고 할 수 있다.

Chapter 05 다른 기타 내용들

내 인생은 일반 수형도가 아니야!

수형도란 어떤 사건이 일어나는 모든 경우를 나무에서 가지가 나누어지는 것과 같은 모양으로 나타낸 계통그림이다. 따라서 우리는 수형도로 모든 가능한 경우를 알 수가 있으며, 특정한 경우의 결과 값을 예측할 수가 있다. 어른들은 흔히 얘기들 한다. "이렇게 해라." "저렇게 하지 마라.", "내가 너보다 조금 더 살아봐서 하는 말이다.", "네가 이 길을 선택하면 편하게 살 수 있어.", "넌 무조건 어떤 사람이 되어야 해. 우리 집 사람 전부 다 그렇게 살고 있는데 너만 안 그럴래?" 등등.

난 이렇게 내 인생을 그려 놓은 수형도처럼 살고 싶지 않다. 나는 예측 불가능한 미래가 주는 설렘이 좋다. 이미 짜여진 대로 내 미래가 정해져 있다면 사는 것이 과연 재미있을까? 물론 나도 어떻게 살고 싶다는 꿈도 있으며, 무언가를 이루고 싶다는 목표가 분명 있다. 하지만 남이 그려준 수형도대로 살고 싶지는 않다.

인생이란 원래 예측 불가능한 삶으로 들어가는 모험이라고 생각한다. 하지만 학교에 다니고 있는 지금은 어느 정도의 수형도가 그려진 상태이다. 물론 내가 그린 것은 아니지만 이 사회의 구성원으로서 살아가기 위해선 어느 정도 그려진 대로 걸어갈 필요는 있다고 생각한다. 하지만 나에겐 끊임없이 이미 그려진 수형도에 곁가지를 과감하게 그려서 전혀 다른 결과물을 도출하고 싶은 욕망이 있다. 프렉탈 구조처럼 어제의 일과가 오늘의 일과이고, 오늘의 일과가 내일의 일과이고, 내일의 일과가 변 뒤의 일과이고… 끔찍하다.

그래서 난 배낭여행을 사랑한다. 오늘의 아름다움은 내일 길 위에서 벌어질 수많은 불확실성에 있다고 생각한다. 내일 무슨 일이 일어날지 기대되는 흥분이 오늘의 나를 기쁘게 하고 오늘을 아름답게 한다. 내일 무슨 일이 일어날지 뻔히 안다면 무슨 설렘을 느낄 수 있겠는가?

우리는 결과 값을 도출하기 위해 방정식을 푼다. 그리고 원하는 결과 값을 얻었을 때 희열을 느낀다. 과연 결과 값을 얻은 모든 방정식에서 우르는 기쁨을 느꼈던가? 아니라고 생각한다. 결과 값 도출 과정의 어려움과 결과 값을 도출했을 때의 기쁨은 정비례한다고 생각한다.

인생에서 중요한 것은 내가 무엇을 이루었는지에 대한 결과 값이 아니라. 내가 나만의 수형도를 그려나가는 그 과정에 있다.

또한 나는 나만의 수형도를 그렸기에 그 길을 가는 것이 아니라, 나만의 길을 걸었기에 나의 수형도가 그려진 것이다. 이쪽으로도 뻗어보고, 저쪽으로도 뻗어보고, 만약 나에게 딱 두 가지 선택 “해보지 못하고 후회”, “해보고 실망”이 있다면 나는 기꺼이 “해보고 실망”을 선택할 것이다. 실망할지라도 최소한 시도해 봤으니 그걸로 나는 만족한다. 나는 내가 그릴 수 있는 모든 수형도를 그리고 싶다. 그래서 나만의 수형도를 매 순간 순간 그리며 살아간다. 그 수형도가 다음에는 어디로 뻗어 나아갈지는 나도 모른다. 그리고 그 수형도의 끝은 알 수가 없다. 아마 내가 눈 감는 날 알게 되지 않을까 생각한다. 그래도 마지막 그 순간 행복했노라 나만의 수형도를 맘껏 그렸기에…

인간관계와 통분

지역아동센터에서 교육봉사를 하면서 초등학교 2학년 남자아이를 만났다. 장난기가 많았던 아이는 공부보다 나와 팔씨름을 하며 놀거나 축구를 하는 것을 좋아했다. 처음에는 아이의 관심사를 따라가는 것이 힘들었으나 1년, 2년 함께하다 보니 아이와 공통적인 관심사가 많이 생겼고, 아이와 정말 각별한 사이로 발전했다. 아이가 초등학교 5학년이 되고 어느 날 통분의 개념에 대해 알려주었다. “통분이란 서로 다른 분모를 계산하기 쉽게 같게 만드는 거야”라고 설명하자 아이는 이렇게 말했다. “마치 선생님이 제가 원하는 것에 맞춰줬듯이 말이죠?” 이 말이 아직도 잊혀지지 않을 정도로 큰 감명을 받았다. 나는 평소에 인간관계는 정확하게 계산되는 것이 아니라 사람들 사이의 상호작용이기에 복잡하고, 힘든 것이라 생각했다. 하지만 아이가 한 말을 토대로 생각해보니 인간관계란 통분 과정에서 ‘최소공배수’를 구하듯이, 서로의 공통점을 찾아 나가고 맞지 않는 부분이 있다면 서로 극복하면 되는 것이라는 것을 깨달았다.

y=tan x

나의 좌우명은 매사에 성실하고 양심을 지키자는 것이다. 양심과 성실이 어떤 일을 하는 데 있어 가장 중요한 자세라고 생각하기 때문이다. 이 두 가지 요소를 지키려고 최선을 다하는 자세를 수학적으로 표현해 보았다.

어떤 일을 할 때 열심히 했다고 생각했음에도 성과가 제대로 나오지 않을 때가 있다. 그러다보면 노력을 해도 소용이 없다고 생각해 좌절을 하고 포기하기도 한다. 하지만 성과가 나오지 않는다고 포기하지 않고 성실하게, 또 자신의 양심을 지키면서 꾸준히 하다보면 어느 순간 자신의 실력이나 성과가 부쩍 올라가 있는 것을 느낄 수 있다. 무엇이든지 자신이 원하는 결과가 한 번에 나온다고 생각하지 않는다. 그 성과를 얻기 위해서는 충분한 노력과 투자가 있어야 한다.

이러한 내 생각을 수학적으로 표현한 식이 삼각함수인 $y=\tan x$이다. x는 내가 투자한 시간과 노력이고, y는 내가 도달한 성과, $x=n\pi+\frac{\pi}{2}$ (n은 정수)는 내가 도달하고자 하는 성과이다. 열심히 노력을 해도 초반에 드러나는 도달한 성과는 미미할 수 있지만, 조금씩 내가 원하는 결과로 다가가기 위해 성실하고 양심을 지키며 노력을 한다면 어느새 눈에 띄는 성장을 해 있음을 의미한다.

고차 방정식

중학교 2학년 때 이차방정식과 그 두개의 근을 편하게 공식 하나로 구할 수 있는 근의 공식을 배웠다. 고등학생이 되었다. 삼차방정식을 배웠지만 근의 공식을 알려주시지 않았다. 그래서 선생님께 근의 공식을 배우고 싶다고 했지만 근의 공식이 있기는 하지만 너무 복잡해서 쓸 수 없다고 하셨다. 문득 모든 고차 방정식들이 다 근의 공식이 존재하는지 궁금해졌다.

우연찮게 읽은 문제집 수학 산책의 1페이지 남짓의 짧은 설명에서 그 해답을 얻었다. 인수분해와 같은 특수한 경우가 아닌 일반적인 해를 구하는 소위 말하는 '근의 공식'은 4차 방정식이 마지막이라고 했다. 5차 방정식부터는 일반적인 해가 없음을 아벨이라는 수학자가 증명했다는 내용이었다.

방정식, 하나의 변수에 무수히 많은 것이 들어갈 수 있는 식. 동시에 차수가 높아지면 높아질수록 그 해가 하나가 아니라 여러 개인 경우가 많아지는 식. 나의 인생도 이 고차방정식과 닮아있다. 도무지 특정한 값을 넣을 수 없는 나의 인생에 근의 공식이 있을까? "인생은 답이 없다"는 것이 유머 섞인 메타포로 느껴지지가 않는 순간이었다. 이는 내 좌우명이기도 하고 말이다.

인생의 모든 계수를 고려한다는 것은 대단히 오만한 생각이다. 자기도 모르는 사이 정말 예상치도 못하게 다가오는 감정들은 오히려 우리의 삶을 풍요롭게 만든다. 눈을 감고 하나하나 미정계수를 결정하다 보면, 어느 새 해는 없을지언정 멋진 그래프의 모양을 가진 하나의 식이 완성될 것이다. 따라서 나의 인생은 고차방정식이다.

이 또한 지나가리라 (새옹지마)

내 좌우명은 '이 또한 지나가리라(새옹지마)'이다. 나는 이 좌우명을 삼차함수 $y=ax^3+bx^2+cx+d$의 그래프로 설명할 것이다.

삼차함수의 개형은 크게 최고차항인 삼차항의 계수가 양수일 때와 음수일 때 두 가지로 나눌 수 있다. 도함수 f'(x)의 판별식이 0보다 크고, 0<x<k(k는 양의 상수)의 경우 삼차항의 계수가 양수일 때 삼차함수 f(x)는 극댓값이 먼저 나오고 극솟값이 뒤에 나오는 개형을 띠고, 삼차항의 계수가 음수일 땐 삼차 함수 f(x)는 극솟값이 먼저 나오고 극댓값이 뒤에 나오는 태극무늬 모양의 개형을 띤다.

인생은 0살에서 시작한다고 바라본다면, 우리의 삶은 y축 위의 (0, d) 지점에서 시작된다. 여기서 삶의 시작점인 d는 자신의 가정환경, 주변 배경 등을 뜻한다. 이것은 나머지 a, b, c가 무엇이 되든지 상관없이 x가 0일 때 반드시 나오게 되는 값으로, 3차함수의 그래프가 (0, d)에서 출발한다는 것은 현실세계의, 노력 여부와 무관하며 삶의 주체가 어찌할 도리가 없는 삶의 출발과 일맥상통한다.

그러면 인생이 (0, d)에서 시작하는 것처럼 사람마다 다르지만 삶의 주체인 나 자신과 상관없이 정해져 있는 것인가? 그러나 우리의 인생에는 a, b, c가 있다. 사람들은 각자의 a, b, c가 어떤 수인지 알 수 없다. 그렇기에 삶은 미정이고, 예측할 수 없는 매 순간이 흥미진진한 하나의 여정인 것이다.

삼차함수 f(x)의 삼차항의 계수인 a의 부호가 음이냐, 양이냐에 따라 f(x)의 대략적인 모양은 결정이 난다. x축을 기점으로 x축 위의 부분은 좋은 -흔히 말하는 잘 나가는- 시기고 x축의 아래 부분은 나쁜 시기라고 보면, 우리는 삶의 시작에서 a의 부호에 따라 좋은 쪽을 향해서 끝없이 나아갈 수도 있고, 그 반대로 삶의 시작에서 나쁜 쪽을 향해서 나아갈 수도 있다.

여기서 묘미는 f'(x)에서 판별식 D의 값이 0보다 크다는 점에 있다. f'(x)에서 판별식 D의 값이 0보다 크다는 말은 기본적으로 f'(x)의 실근이 두 개라는 말이며, 이는 곧 f(x)가 극댓값과 극솟값을 모두 가진다는 이야기가 된다. 인생에 있어 내리막길 없는 인생이 어디 있으며 오르막길 없는 인생은 어디 있겠는가. 우리는 우리의 극소점과 극대점이 어디인지, 그리고 극솟값과 극댓값이 얼마인지 모른다.

끝도 없이 추락한다고 느껴지더라도 극소의 지점에서 우리는 다시 위로 치고 올라가게 되니 항상 희망을 가져야 하고, 하늘에 닿을 듯이 비상한다고 하더라도 극대의 지점이 되는 언젠가는 내려와야 하니 항상 겸손하게 뒤의 일을 준비해야 된다는 것을 3차 함수는 온몸으로 우리에게 이야기해 준다.

만약 a의 부호가 같다면 a의 부호가 음인 사람들은 모두 불행하고, a의 부호가 양인 사람들은 모두 행복할 때 죽음을 맞는 것일까? 그것은 또 아니다. 나의 인생이 어떤 항로로 갈 것이라고 대략적 예측이 가능하더라도, 인생은 언제 어디서 끝날지 모른다. 필연적으로 $0 < x < k$(k는 양의 상수)라는 조건이 추가되는 것이다. 이 k 또한 미정의 수로, 우리가 삶에 대해 가지는 태도, 우리의 생활 습관 그리고 우연이라는 큰 변수에 의해 결정된다. 삼차함수로 펼쳐진 나의 곡선이 x가 k에 도달하는 순간 끊겨 버리는 것이다. 곡선이 끊기는 순간, 우리의 삶도 끝을 맞이한다.

누군가의 삶이 평생 불우하거나 평생 행복할 수도 있으며, 이 경우는 어떻게 그의 삶의 등락을 설명할 수 있겠냐는 반문이 있을지 모른다. $x > 0$일 때 항상 f(x) > 0 이거나 f(x)<0의 삶을 살았다고 느껴지는 사람들의 삶에서 나오는 의문이다. 그러나 여기서 우리는 인생의 x축, 그러니까 y=0이라는 기준은 사람마다 다른 주관적 기준임을 알아야 한다. 겉보기에 불행한 삶이라고 해서 어찌 한순간이라도

좀 더 기뻤던 순간이 없을 수 있을까? 평생 행복한 듯 보이지만 어찌 한 번도 우울한 순간이 없을 수 있을까? 결국 들여다보면 그 등락의 폭이 넓고 좁음의 차이일 뿐 모두의 인생은 삼차함수의 오묘한 곡선을 띠고 있음을 알 수 있다.

실수는 자연수보다 많다.

실수는 자연수보다 많다. 실수는 자연수를 포함하고 있다는 것은 수학을 배운 사람이라면 다 알고 있는 사실이다. 여기에 조금 이중적인 말장난을 섞어서 표현해보았다. 한국어로 실수라고 하는 말은 수학적 개념인(real number) 실수와 영어로 하면 mistake라는 의미를 갖는 실수가 있다. 이것을 인생에 비유를 해보았다. 우리는 살면서 수많은 실수를 저지른다. 그러한 작은 실수들은 너무 많아서 눈에 잘 띄지도 않고 직접적으로 와 닿지 않는다는 점이 수학의 실수와 닮아 있다. 그러한 실수를 하는 중에 뭔가를 깨닫고 배우면서 성취했을 때의 성과물들은 가시적이고 직접적으로 드러난다는 측면에서 자연수와 닮아있다. 즉 우리가 살면서 자연수처럼 직접적으로 드러나는 어떤 결과물들을 이루어 냈을 때에 그 저변에는 수많은 실수들이 바탕이 되어 있다는 것이다. 누구나 살면서 수많은 실수를 하기 마련이기에 실수를 하더라도 움츠러들거나 위축되지 말고 더욱더 힘을 내자는 것이 이를 통해 내가 표현하고 싶은 좌우명이다.

미분과 적분

인간이라는 존재는 어느 누구 할 것 없이 평면이 아닌 하나의 입체로 이루어져 있다. 이러한 입체는 잘게 미분하면 하나의 평면이 되며, 입체는 이러한 평면이 하나씩 쌓여 이루어지게 된다. 또한, 하나의 평면은 잘게 미분하면 직선이 되며, 이러한 평면은 직선이 하나하나씩 쌓여 이루어지게 된다. 그리고 이러한 직선은 하나하나의 점들로 이루어진 집합이라 할 수 있다. 이렇게 볼 때, 인간의 신체는 점의 적분으로 이루어진다고 볼 수 있다.

이렇듯, 인간은 하나의 미미한 점일 수밖에 없지만, 노력이라는 적분을 통해 입체까지 이룰 수 있는 무한한 가능성을 지닌 존재라고 생각된다.

차분히 생각하며 살아가자

1+1+1+1+1

1+1+1+1+1

1+1×0+1=?

위 문제는 한때 인기를 끌었던 98%가 틀리는 수학문제 시리즈 중 한 문제이다. 이 문제를 처음 접하는 대부분의 사람들은 첫 번째 줄의 마지막 1과 두 번째 줄의 첫 번째 1사이, 그리고 두 번째 줄 마지막 1과 세 번째 줄 첫 번째 1 사이에 +기호가 없다는 사실을 간과하고 단순한 $1+1+1+1+1+1+1+1+1+1+1+1+1\times0+1=?$의 식으로 계산하여 계산 결과가 12라고 답한다.

하지만 이 문제를 자세히 들여다보면 11이 두 번 나타나는 것을 찾을 수 있고 정답은 $1+1+1+1+11+1+1+1+11+1\times0+1=?$의 식을 계산한 값인 30이다. 이 문제는 어렵지는 않지만 대충 보면 실수하기 쉽다.

이와 같이 어떤 일이 생겼을 때 나는 너무 단순하게 생각하고 급하게 일을 처리해버리려고 할 때가 많아서 실수가 잦았다. 그리고 새로운 사람과 대면하였을 때 첫인상만으로 지레 겁을 먹고 다양한 사람들과 친해지지 못했다.

그래서 나는 앞으로 위 문제를 틀리는 사람들처럼 무엇이든지 빨리 결정하려는 태도를 버리고 사람을 만날 때나 어떤 일을 할 때 첫인상, 처음 드는 생각으로만 판단하지 않고 조금 더 천천히 심사숙고 한 뒤에 결정을 내리는 사람이 되고 싶다.

학습은 거듭제곱꼴로

무엇인가를 학습하는 과정에는 기존에 갖고 있던 지식의 영향을 많이 받는다고 생각한다. 백지 같은 상태에서 무엇인가를 학습한다면 그것은 단순 암기와 같은 형태가 될 것이다. 하지만 어느정도의 지식을 쌓고 난 뒤에는 그와 조금의 관련성만 있어도 서로 연관지으면서, 그리고 기존의 지식을 재구조화하면서 더 깊이있게, 더 빠른 시간 안에 많은 양을 학습할 수 있다고 생각한다. 따라서 한 개를 알고, 또 다른 한 개를 알면 두 개를 알게 되지만, 그 이후로는 거듭제곱꼴로 늘어난다. 둘을 알고, 또 다른 둘을 알면 넷을 아는 것이 아니라, 8, 16… 이렇게 수없이 커진다고 생각한다. 따라서 학습은 덧셈이 아닌 거듭제곱꼴이다.

인생은 사랑과 인내로 걸어가는 길

'인생은 사랑과 인내로 걸어가는 길'이라고 생각한다. 사랑하기에 인내하고, 인내함으로써 사랑할 수 있다면 그 인생은 참으로 아름다울 것이라 생각하기 때문이다. 이것을 수학적으로 표현해보았다.

문장 그대로 인생을 함수로 하여 식을 써 보았다.

$$\text{인생}=f(x)=x+\text{인내}$$
$$X=\{x|\ x=\text{사랑}\}$$

나의 인생 전체로 보았을 때는 "사랑과 인내"가 되겠지만 작년의 나의 인생, 그리고 올해의 나의 인생에 대해 이야기할 때는 x에 무엇을 넣으면 좋을지 생각해 보았다. 그 결과 작년은 "도전", 올해는 "열정"이라는 단어를 떠올리게 되었다.

작년은 나에게 도전의 해였다. 그 누구도 해낼 거라고 생각지 못했던 일(교대입학)에 도전했고, 인내로써 그 결과를 이루어냈다. 그리고 그 결과로 시작된 올해는 열정의 해가 되어야 할 것이다. 열정에 인내를 보탠다면 교대에서의 첫 1년을 멋지게 보낼 수 있으리라 믿는다. 따라서 이렇게 해서 다시 쓰게 된 제 좌우명은 아래와 같다.

$$\text{인생}=f(x)=x+\text{인내}$$
$$X=\{x|\ x=\text{사랑, 도전, 열정}\ldots\}$$

매년 해가 거듭되면서 구체적인 x값이 늘어날 것이다. 여기에 '인내'는 항상 함께 한다. '인내'란 그저 참는 것이 아니다. 꿈이 있기에, 사랑이 있기에 기쁘게 인내를 감당할 수 있다. 지금 나에게 있어서 인생은 사랑과 도전과 열정, 그리고 인내로 걸어가는 길이다.

완벽주의자가 되려 하지 말고 경험주의자가 되라

0, 1, 1, 2, 4, 8, …의 일반항이 보이는가? 우선 시를 한편 소개하겠다.

◆ ◆ ◆

〈초보자에게 주는 조언 〉

시작하라. 다시 또다시 시작하라.
모든 것을 한 입씩 물어뜯어 보라.
또 가끔 도보 여행을 떠나라.
자신에게 휘파람 부는 법을 가르치라. 거짓말도 배우고.
나이를 먹을수록 사람들은 너 자신의 이야기를 듣고 싶어 할 것이다.
그 이야기를 만들라.
돌들에게도 말을 걸고, 달빛 아래 바다에서 헤엄도 쳐라.
죽는 법을 배워 두라.
일어나야 할 모든 일은 일어날 것이고 그 일들로부터 우리를 보호해 줄 것은 아무것도 없다.

흐르는 물 위에 가만히 누워 있어 보라.
그리고 아침에는 빵 대신 시를 먹으라.
완벽주의자가 되려 하지 말고
경험주의자가 되라.

이 시의 마지막 부분이 나의 좌우명이다. 앞선 수열 0, 1, 1, 2, 4, 8, …의 일반항은 $a_n=S_{n-1}(a_1=0, a_2=1)$이다. 다섯째 항을 보면 단순히 0+1+1+2의 모습이 아니라 4라는 새로운 모습으로 태어나고 지금의 그 4는 다음 항을 구성하는 데 다시 보탬이 되어, 0+1+1+2+4의 모습이 아니라 8이라는 또 다른 모습으로 탄생한다.

이처럼 앞의 모든 항이 더해져서 새로운 모습의 항이 탄생하는 모습은 나의 '경험주의자가 되라'는 좌우명에 너무나 잘 들어맞는다고 생각한다. 어제까지의 모든 경험들이 쌓이면서 어제와는 또 다른 오늘의 내 모습이 생겨난다. 오늘의 경험들이 그것들과 더해져 다시 내일의 나를 만들 것이다. 단순한 덧셈을 넘어 새로운 그 자체의 의미를 지닌 모습으로 말이다.

피보나치수열

0, 1, 1, 2, 3, 5, 8, 13, 21, …나를 수학적으로 설명하자면 이 피보나치 수열과도 같다. 피보나치 수열이 단계를 거듭할수록 수가 커지듯이 나 또한 정체하지 않고 항상 성장해 가고 싶기 때문이다.

증가하는 수열을 수없이 많은데 왜 굳이 피보나치 수열인가? 그 이유는 피보나치수열이 앞의 두 수를 더해서 다음 항을 만들며 증가하듯이 하나하나 차근차근 성장하고 싶기 때문이다. 이전의 경험, 또 앞으로의 경험을 통해 많은 것을 배워 점점 더 큰 사람, 조금씩 더 지혜로워지는 사람이 되고 싶다. 인간관계뿐만 아니라 교사로서의 노하우 등도 많이 쌓아 해를 거듭할수록 풍부한 인생을 사는 사람이 되고 싶다.

김춘수의 「꽃」에서 꽃의 이름을 불러주어야 의미가 있는 것처럼 피보나치 수열에서도 피보나치의 첫 수인 아무것도 없는 0에 의미를 주어 1, 그리고 앞의 둘을 더하여 0, 1, 1, 2, 3, …이 된다. 이렇듯 나도 어떤 것을 배우고 익혀서 나의 것으로 쌓으려 할 때에는, 무작정 암기하는 것이 아니라 왜, 어떻게 되는 것인지 그 의미를 알고 진정으로 배우고 쌓도록 노력할 것이다.

뭉치면 살고 흩어지면 죽는다

칸토어는 '부분은 전체보다 작다'라는 상식을 깨뜨린 수학자이다. 그는 무한의 크기를 비교하고 더하여 곱하는 계산을 하여 믿어지지 않는 놀라운 결과를 얻어 냈다. 그 중 가장 나의 눈을 끈 것은 아래의 두 결과이다.

"긴 선분과 짧은 선분은 같은 개수의 점으로 이루어져 있다.
직선, 평면, 공간은 모두 같은 개수의 점으로 이루어져 있다."

여기에서 사용된 점은 길이도 넓이도 물론 두께도 없는 머릿속에만 존재하는 점이다. 하지만 우리가 보통 말하는 것은 작고 둥글게 찍힌

표나 자리를 말한다. 수학에서의 점은 존재하지만 존재하지 않는 점인 것이다. 그렇다면 선분이란, 점이 모여 된 것인데 무에서 유를 만들어 낸다는 얘기인가?

또, '직선을 이루는 점의 수나 공간이나 평면을 이루는 점의 수는 같다.' 라는 것은 점으로 볼 때 선분의 길이든, 그것이 평면이든 직선이든 아무런 의미가 없어진다. 다 모아 놓으면 존재하지만 흩어놓으면 아무 것도 없는 것이 점의 속성이다.

"뭉치면 살고 흩어지면 죽는다." 점이 가장 좋아하는 말이 아닐까?

2의 연산으로 나타내는 좌우명

$$2+2\times2-2=4$$
$$2\times2-2+2=4$$

위의 두 식은 다른 식이지만 같은 값이 나온다. 이 두 식으로 나타내고자 하는 나의 좌우명은 다음과 같다.

1. 때로는 넓은 시야에서, 다른 방향으로의 접근을 생각하자.

첫 번째 식에서 자칫 순서대로 계산해버리면 값이 6이 나오지만 곱셈을 먼저 해야 하기 때문에 정답은 4다. 사회 속에서 살다 보면 지금을 살아가는데 급급해서 큰 산을 바라보지 못하고 단순히 당장의 문제를 해결하기 위해 앞에서 뒤로 순차적으로 가는 삶을 살아가곤 한다. 하지만 때로는 곧은 방향이 아닌 다른 방향으로 가는 것이 더 빠른 길이고 더 맞는 방향일 수도 있다. 따라서 더 넓은 시야에서 객관적으로 상황을 조망해보고 어떤 방향이 더 나을지 중간중간 생각해보는 것이 중요하다.

2. 곱셈(×) 처럼 능동적으로 삶의 지표가 되는 삶을 살고 싶다.

고등학교 때까지 살면서 나는 주체적으로 살지 못하고, 항상 남들에 의해 수동적으로 살아왔다. 하지만 이제 대학생이 되었으니, 주체적으로 살아가는 삶을 살고 싶다. 나는 미래에 초등학교 교사가 될 예비교사다. 그러니 나중에 아이들에게 삶의 지표를 제시하고 나은 견해를 보여줄 수 있는 사람이 되기 위해서는 나 먼저 능동적으로 결정하고 주체성을 가진 삶을 사는 것이 우선이다. 사칙연산에 성격을 부여하자면 덧셈(+)은 수동적인 성격을 갖고 있다고 생각한다. 곱셈(×)의 유무와 위치에 따라서 계산의 순서가 바뀌기 때문이다. 반면에 계산 순서를 결정하는 곱셈(×)은 능동적인 성격을 갖고 있다고 생각한다. 따라서 나도 이 곱셈(×)처럼 능동적으로 삶의 지표가 되는 삶을 살고 싶다.

인생은 수학문제 풀이

사람을 처음 만나 알게 되는 과정이 수학 문제를 풀어 나가는 과정과 비슷하다고 생각한다. 우리가 수학 문제를 풀기 위해서는 우선 이 문제가 정말 요구하는 것이 무엇인지 파악해야 한다. 이는 우리가 사람을 처음 만났을 때 그 사람이 어떤 사람인지 파악하는 것과 같다. 이러한 과정이 끝나면 이 수학 문제를 어떻게 풀어갈지 문제풀이에 필요한 공식, 유사문제 등을 생각한다. 사람도 마찬가지다. 그 사람과 친해지려면 어떤 말을 꺼내야 할지, 어떤 행동을 해야 할지 생각해야 한다. 수학 문제 푸는 방법을 찾고 나면 그 방법대로 순차적으로 문제를 풀면 된다. 이는 처음 본 그 사람과 조금씩 알아가고, 호감도를 쌓는 것과 같다. 이렇게 노력했음에도 불구하고 예상외로 그 결과가 나빴다면 그때의 심정은 열심히 푼 수학 문제를 틀렸을 때의 속상함과 같을 것이다. 그럴 때는 수학 문제를 풀 때 새로운 방법을 찾아 다시 정답을 구하기 위해 노력하는 것과 마찬가지로 처음의 마음으로 돌아와서 그 사람과 친해질 수 있는 다른 방법을 찾아 다시 다가가면 된다.

고정관념을 갖지 말자

1=3　10=15　26=35
2=4　21=25　30=?
3=5　23=30

물음표에 들어갈 숫자는 무엇일까? 아마도 대부분의 사람들은 무슨 규칙이 있을까 생각하며 연필을 들고 풀기 시작할 것이다. 과연 여기에 규칙이 있을까? 없다. 답은 23이다. 왜냐하면 앞서 23=30이라고 주어졌기 때문이다. 이렇게 사람들은 이런 문제를 주면 무작정 규칙을 찾기에 바쁘다. 하지만 그것은 규칙이 있을 것이라는 고정관념에서 나온 행동일 뿐이다. 여기에서 말하고자 하는 나의 좌우명은 "고정관념을 갖지 말자"이다. 우리는 어렸을 때부터 창의적인 생각을 하기 보다는 주입식 교육을 줄곧 받았기 때문에 일정한 사고의 틀에 사로잡힌 고정관념을 갖기 쉽다. 하지만 그것을 벗어나고자 노력하여 창의적이고 유연한 사고를 해야 한다고 생각한다.

행렬로 나타낸 좌우명

$$\begin{pmatrix}1 & a\\ 0 & 1\end{pmatrix}^n=\begin{pmatrix}1 & a^n\\ 0 & 1\end{pmatrix}$$(1: 사랑, 0: 베풂, a: 전문성, n: 노력)

1과 0은 절대적인 것으로 생각했다. 즉, 사랑과 베풂은 '시간이 지나도 변하지 않는 가치'로 설정했다. 따라서 사랑을 무엇을 곱해도 항상 같은 곱셈의 항등원 1로 생각하였다. 여기서 사랑의 대상은 나와 가족과 이웃이다.

베풂은 사랑의 연장선상에 있는 중요한 가치로, 내가 여태껏 건강하게 살아 온 것도 사회의 도움이 많았기 때문이라는 것을 알기에 기회가 부족한 이들에게 베푸는 것이 당연하다고 생각한다. 베풀고 나면 나에게 남은 것이 0이 될지라도 더 큰 행복이 있다는 의미로 0으로 상징화하였다.

전문성은 성공이라고 부를 수 있는 조건이라고 생각한다. 같은 교사라고 하더라도 교사라는 기본적 바탕 위에 어떤 분야에 대한 전문성을 띈다면, 아이들에게 더욱 좋은 영향을 끼칠 수 있을 것이다. 나에게는 심리학 분야가 그것인데, 더욱 공부해서 아이들의 심리를 잘 파악해서 더 나아가 심리상담, 심리치료에까지 도전해 보고 싶다. 이는 이 수식에서 연산 후에 유일하게 변하는 변수이다. a의 n제곱이 되면서 노력에 의해 나의 능력을 극대화하고 싶다는 의미를 담고 있다. 이에 덧붙여, 교사로서 변해야 할 것과 변하지 말아야 할 것에 대해 생각해보았다. 점점 긍정적으로 변화해야 할 것들에는 학습 능력의 신장에 따른 교수방법과 이런 변화를 찾고 도전하는 내 모습에 변화하는 아이들의 모습까지 볼 수 있다면 더욱 좋을 것이다. 반면에 변하지 말아야 할 것은 이런 야심찬 초심과 열정, 그리고 아이들을 하나의 인격체로 대하자는 나의 생각이다.

거자필반(去者必返)

헤어진 사람은 언젠가 반드시 돌아오게 된다.

운명을 믿는다거나, 전생을 믿지는 않는다. 하지만 사람과 사람의 만남에는 큰 의미가 있다고 생각한다. 서로 이름을 알고 같은 기억을 갖고 살아간다는 건, 생각해본다면 굉장한 일이라고 생각하기 때문이다. 실은, 다시 만나고 싶은 친구가 있어서 이 말을 항상 새기며 살고 있다.

이런 거자필반을 수학적으로 '카프리카 수'를 통해 표현해보았다. '카프리카 수'는 주어진 수를 절반으로 나누어 앞자리와 뒷자리를 더한 후 제곱을 하면 다시 원래의 수가 나오는 수들을 의미합니다. 예를 들어 81에서 8+1=9이고, 9의 제곱은 81로 다시 돌아온다는 것이다. 더 큰 수도 된다. 60481729에서 6048+1729=7777이고, 7777의 제곱은 60481729로 다시 돌아온다. 즉, 아무리 나누고 쪼개어도 다시 더하고 제곱을 하면 원래대로 돌아오는 것이다. 나는 이것을 사람과 사람의 재회라고 생각한다. 어떠한 이유가 있어 서로 떨어지고 보이지 않는 듯 숨어버리지만, 결국 다시금 서로를 만나게 되니까 헤어진 사람은 언젠가 반드시 돌아온다는 거자필반을 잘 표현한다.

망설이지 말자

내가 "망설이지 말자"를 선택한 이유를 수학적으로 설명한다면 나는 확률을 통하여 설명하겠다.

내가 화요일 아침 9시30분에 일어났다고 가정하자. 생활수학 수업이 10시에 있는데 지금부터 씻고 수업을 들으러 가면 늦을 것이다. 하지만 안 씻고 간다면 눈곱도 못 떼고 지하철에 사시는 아저씨처럼 구질구질 포스를 수업에 들어가야 할 것이다.이 두 가지 선택 중에 나는 한 가지를 선택해야 한다. 확률의 정의는 동등 "각 사상이 일어날 결과가 모두 동일한 상황에서 어떤 특정한 사상이 일어날 확률"이다. 이것을 통해 한 상황에서 무슨 선택을 얼마나 할 것인가를 정하는 게 확률인 것을 알 수 있다. 9시30분의 나에게는 씻거나, 학교 가거나 두 가지의 선택이 있다. 하지만 선택을 못하고 망설이다가 10시가 되면 나에게는 씻고 가나, 안 가나 지각임으로, 씻고 가는 선택지 밖에 남지 않는다. 즉 선택도 없이 한 개의 확률이 사라져 버렸다는 것이다. 그래서 나는 시간 때문에 나의 선택지가 사라지는 것이 싫어서 "망설이지 말자"가 좌우명이다.

24시간을 48시간으로!

나에게 주어진 시간들을 다른 사람들보다 2배의 가치로 사용하면 더 큰 열매를 맺을 수 있을 것이라고 생각한다. 더 많이 생각하고 더 많이 행동하자. 돌아 돌아서 온 나의 길을 더 알차게 더 뜻 깊게 더 보람차게 이루어가자. 이것이 나의 좌우명이다.

대학에 입학하면서 스스로에게 한 다짐은 내 인생의 2번째 기회가 온 것에 늘 감사하는 마음을 가지며 이 시간들을 소중히 사용하자는 것이었다. 이 시간들을 소중히 사용하는 것의 가장 좋은 방법은 다른 이들보다 모든 일에 더 열심히 최선을 다하는 것이고 그러기 위해서는 시간을 아껴 써서 더 많은 경험을 쌓아야 한다고 생각한다.

따라서 24시간을 48시간처럼 사용하고 싶은 나의 마음을 인도식 곱셈으로 표현해보았다. 인도식 곱셈을 하는 방법은 다음과 같다.

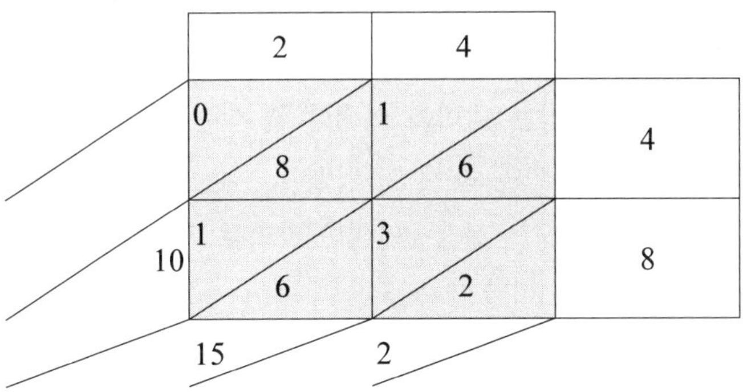

① 24와 48을 위의 표처럼 쓴다.

② 2와 4, 2와 8, 4와 4, 4와 8을 곱하여 위의 표처럼 표현한다.

③ 아래에서부터 대각선으로 더하여 그 결과를 쓴다.

④ ㄴ자 모양으로 수를 읽어보면 1152가 되고 이것이 24×48의 결과가 된다.

위의 표를 표면 0,8,1,6,3,2 이런 작은 수들이 모여 1152라는 큰 수가 만들어 지는 것을 알 수 있다. 이렇게 작은 것들이 모여 결국엔 큰 수가 되는 것처럼 대학 4년을 보내는 동안 다른 이들보다 작은 노력을 하나씩 하나씩 더 한다면 훗날 그 결과는 이렇게 큰 것으로 돌아올 것이다. 그러기 위해서는 똑같이 주어진 시간을 더 아껴서 열심히 살아야 한다고 생각한다.

겉넓이보다 부피

나는 겉모습보다는 그 속을 헤아릴 줄 아는 사람이 되고 싶다. 타인을 만나고 대할 때, 우리는 쉽게 그 순간 보이는 모습이나 들리는 소문만으로 판단해버리는 실수를 하곤 한다. 하지만 나는 그보다는 그 사람의 보이지 않는 내면을 이해할 줄 아는 사람이 되고 싶다.

예를 하나 들어보면 청소시간이 되었다. 나는 열심히 일하고 있는데 저 옆에 다른 친구는 한참동안이나 자리를 비우다가 돌아와서는 앉아서 쉬기만 한다. 이런 모습을 본 우리는 자연스레 그 사람을 게으르고 책임감 없는 사람이라고 생각한다. 그런데 사실 이 사람은 밖에서 누구보다도 힘든 청소 일을 하다가 왔다. 외벽 청소도하고, 청소하고 나온 자재들도 계속 옮겨 주었다. 사람은 내가 이전에 눈에 보이는 것만으로 판단한 겉넓이만큼의 사람이 아니라, 훨씬 깊은 깊이를 가진, 부피를 가진 사람이었던 것이다.

우리가 개인의 사정을 하나하나 다 알지는 못한다. 그러니 가로, 세로, 겉모습만 고려하게 된다. 물 컵이 얼마나 많은 양의 물을 담을 수 있는지는 겉넓이만으로는 알 수 없다. 사람의 내면을 보는 것도 마찬가지라고 생각한다. 그 사람이 얼마나 큰 그릇인지, 진정으로 어떤 사람인지를 아는 데에는 그 사람의 겉넓이보다는 부피를 헤아리려고 하는 태도가 필요하다. 나도 누군가를 무심코 보이는 것 만으로 판단할 것이 아니라 그 사람의 내면을 더 자세히 헤아리는 사람이 되고 싶다.

구분구적법과 삼각함수

나의 남은 인생을 구분구적법으로 도형의 넓이나 부피를 구하듯이 살고 싶다. 구분구적법은 공식으로 구할 수 없는 난해한 평면도형의 넓이나 입체도형의 부피를 충분히 작은 기본도형으로 나누어 이 기본도형의 모임으로 구하는 방법이다. 구하기 복잡하고 힘들어 보이는 도형의 넓이나 부피도 작은 기본도형으로 나누면 그 근삿값을 구할 수 있다는 것이다.

우리의 삶에서도 마찬가지다. 아무리 힘들고 어려운 일이 있더라도 스스로가 할 수 있는 작은 일로 나누어 하나하나 실천해 나간다면 언젠가는 목표를 이룰 수 있을 것이다. 기본도형으로 나누어 하나하나씩 차례대로 맞추고 쌓아 나가다 보면 어떤 도형이든지 만들 수 있듯이 우리의 삶도 자신이 얼마나 노력하느냐에 따라 무엇이든 해낼 수 있을 것이라고 생각한다. 또, 정말 작은 하나하나가 모여 큰 것을 이루기 때문에 평소에 아주 작은 일이라 해도 소홀히 해서는 안 되며, 매일매일 자신이 계획한 목표를 실천하는 것이 중요하다. 티끌 모아 태산이라는 말도 있고, 공든 탑이 무너지랴 라는 속담도 있다. 나중에 후회하지 않기 위해 '이 세상에 불가능은 없다'는 신념을 가지고 모든 것을 내가 알고 있는 세상으로 끌어내려 꿈을 이루기 위해 항상 꾸준히 노력할 것이다.

인생은 삼각함수 그래프

인생은 삼각함수 그래프와도 같다. 삼각함수 그래프가 증감을 반복하는 것처럼 인생도 좋고 나쁜 일이 반복되게 마련이다. 살면서 어떠한 시련에 부딪히게 되더라고 참고 이겨내다 보면 분명히 좋은 일도 생길 것이다. 반대로, 지금 행복하다고 해서 그 행복이 영원한 것은 아니므로 힘들 때를 대비해서 항상 조심하고 겸손한 마음가짐을 가져야 한다. 고진감래라는 말도 있듯이 지금은 인생의 내리막을 달리고 있더라고 곧 만나게 될 오르막을 위해 현재의 어떤 시련도 이겨내야 한다. 이러한 롤러코스터처럼 오르내리는 인생의 모습을 증감을 항상 갖는 삼각함수에 비유해 보았다.

제대로 된 인생을 산다는 것

인간은 살아가면서 수많은 선택을 하게 된다. 진로 선택, 직업 선택 등 중요한 선택 외에도 매일 매일이 선택의 연속이다. 이와 관련된 이론으로는 '러셀의 이론'이란 것이 있다. '러셀의 이론'을 설명하자면 인생은 후회의 연속이라는 것이다. 자신이 어떤 선택을 한다는 것은 다른 모든 기회들을 포기한다는 것과 같은 의미이다. 따라서 아무리 훌륭한 선택을 했다 하더라도 후회가 생기지 않을 수가 없다는 것이다. 이 이론은 생활 속에서 결정으로 인해 곤란을 겪고 있을 때 마음을 한결 편하게 해 줌과 동시에 "어떤 선택을 해도 완벽한 만족은 생길 수 없지만 이미 이 길을 선택하였으므로 다른 선택들에 미련을 가지지 말고 최선을 다하자"라는 생각을 하게 해주었다. 이는 경제학에서 기회비용, 매몰 비용의 개념과도 연관이 된다.

나의 과거의 일들을 수치로 환산해 보았을 때 그 총 합이 양수(성공)가 될 수도 있고 음수(후회)가 될 수도 있다. 하지만 그것은 중요하지 않다고 생각한다. 어떤 선택을 하였더라도 음수 없는 양수가 생길 수는 없을 것이다. 게다가 과거는 이미 지나간 일이고 과거의 마이너스를 플러스로 바꿀 수는 없다. 대신 과거의 경험을 토대로 해서 현재의 결정을 합리적으로 하도록 노력하면 된다. 매 순간의 결과에서 -보다 +를 크게 만들어 $\sum_{k=\text{출생}}^{\text{현재}} k$를 했을 때 그 합이 최대가 되도록 하는 삶의 태도가 중요하다.

진인사대천명

내 좌우명은 '진인사대천명'이다. 사람으로서 할 수 있는 최선을 다한 후에는 하늘의 뜻을 기다린다라는 의미이다. 나는 이것을 수학적으로 ∞=x라 표현했다. 내가 할 수 있는 무한대, 즉 최선의 노력을 다한 뒤의 결과는 미지수 x로 두겠다는 뜻이다.

이는 결과가 어떻게 되든 상관없다는 의미가 아니다. 어떠한 일을 한 후의 결과는 중요하고, 좋은 결과가 나오길 바란다. 하지만 항상 내가 원하는 결과가 나오는 것은 아니다. 모든 것을 바쳐서 한 일에도 실망스러운 결과를 얻을 수 있고, 별 기대 없이 한 일에서 뜻밖의 좋은 결과를 얻을 수도 있다는 것을 이제는 안다. 그렇기에 어떤 결과가 나오더라도 겸허히 받아들일 수 있는 사람이 되고 싶고, '그때 조금만 더 열심히 할 걸…'하며 과거의 일에 후회하는 사람이 되고 싶지 않기 때문에 매사에 최선을 다하는 사람이 되고 싶다.

실제로 나는 고등학교 3학년 때, 정말 최선을 다했다. 하루에 4시간을 자고, 쉬는 시간도 없이 공부만 했다. 매일 14시간 넘게 공부만 하는 게 힘들었지만, 이루고 싶은 목표가 있었기에 버틸 수 있었다. 하지만 결과는 실망스러웠다. 노력하면 결국 해낼 거라고 믿었던 나의 신념과 가치관이 산산조각 나는 기분이었다. 하지만 '조금만 더 열심히 할 걸…'하는 후회는 하지 않았다. 나 자신이 모든 순간 최선을 다해 살았다는 걸 알았고 그래서 나 스스로 원망은 하지 않을 수 있었다. 그리고 반신반의하며 원서를 썼던 교대에 합격함으로써 '그래도 열심히 했더니 이런 결과를 주는구나'하며 감사할 수 있었다.

대학생이 된 지금의 나는, 고 3때처럼 가시적인 목표는 아니지만 뚜렷한 목표를 세웠다. 바로 내 삶의 주인이 되는 것이다. 이를 위해 한 달에 책 한 권씩은 꼭 사서 읽고, 헬스장도 다니는 등 나 자신을 위한 투자를 하고 있다. 아직은 미미하지만 대학을 졸업할 즈음엔 지금보다는 더 발전하고 자기 주도적인 삶을 사는 사람이 되어 있으리라 믿는다.

남을 도우면서 살자

나의 좌우명은 '남을 도우면서 살자'이다. 나를 집합 A={a, b, c}이라고 가정하고 이 집합의 원소 a, b, c는 각각 남을 도울 수 있는 능력이라고 하자. 이 때 나는 남을 {a}, {b}, {c}의 방법으로 도울 수 있고, 둘 이상의 능력을 결합하여 {a, b}, {b, c}, {c, a}, {a, b, c}의 방법으로도 도울 수가 있다. 그래서 공집합을 제외한 총 7가지 방법으로 남을 도울 수가 있다. 지금 이 집합에서 내가 남을 돕는 능력을 하나 더 계발하여 한 개의 원소를 추가했을 때에는 남을 도울 수 있는 방법의 가짓수가 총 15개가 된다.

이렇듯 능력을 하나씩 계발했을 때 남을 도울 수 있는 방법의 가짓수가 원래의 두 배를 한 수보다 1 작은 값이 된다. 결과적으로 원소를 하나씩 추가할 때마다 남을 도울 수 있는 방법은 훨씬 더 많아지므로, 앞으로 마술, 스토리텔링 등 여러 분야에서 스스로를 계발하여 남을 더 많이 도울 수 있도록 해야 할 것이다.

교집합으로 보는 좌우명

나는 어떤 일을 하든지 끊임없이 노력하는 것이 중요하다고 생각한다.

그래서 나는 '태백산맥'의 작가 조정래 선생님께서 하신 말씀을 나의 좌우명으로 삼았다.

> *최선이라는 말은 이 순간 내 자신의 노력이 나는 감동시킬 수 있을 때 쓸 수 있는 말이다.*
> \- 조정래 -

이런 나의 좌우명을 집합과 벤 다이어그램으로 표현해보았다.

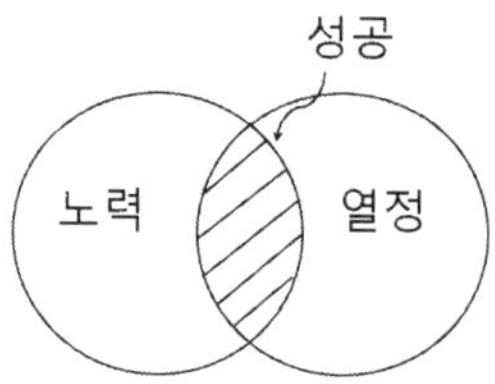

노력과 열정의 교집합이 성공이 될 수 있는가? 열정은 자신의 일을 열심히 할 수 있는 원동력을 제공한다. 내가 초등학교 교사가 되고 싶다고 생각한 데는 초등학교 6학년, 중학교 3학년 때 담임선생님의 영향이 컸다. 정말 좋은 선생님이셨고 덕분에 학교 가는 것이 즐거웠다. 그리고 두 분은 아직까지도 내 기억 속에 남아있다. 그래서 나도 누군가의 기억에 남는 선생님이 되고 싶다는 생각을 하게 되었다.

대부분의 사람들은 이러한 동기가 매우 진부하다고 말한다. 그러나 나는 나의 롤모델을 닮고 싶어 하는 것만큼이나 진실한 마음은 또 없다고 생각한다. 열정을 갖고 있다면 자연스럽게 자신의 일을 끝까지 해내기 위해 노력하게 된다. 성공하는 데 있어 노력만큼 중요한 것은 없다고 생각한다.

따라서 나는 내가 목표한 초등학교 교사가 되기 위해, 교육 대학교에 진학하기 위해 열심히 노력하였다. 그러나 고등학교 1학년 내신을 중요하게 여기는 교육 대학교에 진학하기에 나의 1학년 내신 성적은 역부족이었다. 하지만 포기하지 않고 노력한 결과 내신 성적은 계속 상승 곡선을 그렸다. 또한 대구교대를 입학 사정관 전형으로 합격하기 위해 자기소개서를 쓰고, 면접, 쓰기과제 시험을 보며 초등학교 교사에 대한 나의 열정을 표현하기 위해 열심히 노력했다. 그 결과 나는 현재 대구교육대학교에서 공부하고 있다.

즉, 노력과 열정은 성공으로 가는 비밀 열쇠이다. 이러한 점에서 노력과 열정이 성공이라는 공통된 속성을 갖고 있고 위와 같은 벤 다이어그램으로 표현할 수 있는 것이다.

Chapter 06 자신의 삶을 하나의 식으로

- 10(20)= 20

  20대여도 항상 10대처럼 무모하고 열정적이게 살자.

- i×i=-1

  상상(imagination, i)의 세계를 통하여 구체적인 꿈을 이루자.

- **5+5+5=550에 선을 하나 넣어 이 식의 수학적 문장을 완성하시오.**

  → ≠ : 잘못되었다고 먼저 판단함, 자기 방식만 강요하는 것

  → 545+5=550 : 상대방의 견해를 끝까지 듣고 인정해 주는 여유로움

- **인생은 π**

  π는 비순환 소수이므로 뒤에 어떤 숫자가 올 지 계산해 보지 않으면 모른다. 이와 같이 인생도 직접 맞부딪혀 볼 때 까지는 모르는 법이다. 어쩌다가 예상이 맞아 떨어질지는 몰라도 빗나가기 일쑤다. 그러므로 인생은 π와 같다.

- $3=1+1+1=1+2=3+0=3\times1=\sqrt{3}\times\sqrt{3}=\cdots$

  하나의 수를 나타낼 때에도 다양한 방식을 찾을 수 있다. 문제를 해결할 때 한 가지 방법에만 갇힌 사고를 하지 말고 좀 더 다양한 방식으로

생각하는 사람이 되자.

'0'과 같은 사람이 되고 싶다.

언뜻 보기에 '0'이라는 숫자는 x+0 =x로 덧셈에 대한 항등원이기에 존재감이 없어 보이지만 x × 0 =0 으로 곱셈에 관해서는 어떠한 수를 곱해도 자기 자신 0으로 만들어버리기에 큰 영향력을 끼치는, 조용하지만 강한 인물이라는 것을 알 수 있다.

인생은 내가 속할 집합을 찾아가는 여정이다.

매슬로우의 다섯가지 욕구 단계 중 세 번째가 사회적 욕구, 즉 소속감에 대한 욕구이다. 따라서 어느 환경에서나 내가 속할 무리, 즉 집합을 찾기 위해 무던히 노력한다.

뫼비우스의 띠, 나의 다양하고 무한한 가능성

뫼비우스의 띠는 띠의 어느 곳에나 중간 지점에서 출발해 곧게 선을 그려도 끝없이 돌고 돈다. 특이한 점은 안과 밖의 경계가 없어서 출발한 곳과 반대편으로 도달할 수 있고, 두바퀴를 돌면 제자리로 돌아온다는 점이다. 따라서 다양한 나의 면을 보여줄 수 있고, 무한한 가능성을 보여준다.

나의 인생은 함수며 나만의 함수를 찾아갈 것이다.

공역은 세상 모든 것, 정의역은 나의 삶의 모든 것, 치역은 내가 경험한 것을 의미한다.

(x-1)(y-1)=1

한 발짝씩 양보해서 합의된 삶을 영위하자. (x: 자신, y:타인을 의미한다)

1×2×3=1

돈이라는 한 글자에 얽매이지 말고, 여자라는 두 글자에 연연해하지 말고, 낙오자라는 세 글자에 신경 쓰지 말고, 삶이라는 한 글자에 최선을 다하자.

$0 \times n=0,\ 1 \times n=n$
n은 나 자신을 의미한다. 숫자는 자신감의 유무를 의미한다. 따라서 자신감 없으면 될 일도 잘 되지 않을 수 있지만 가능하기 힘들 것이라고 생각되는 일들도 자신감이 있을 경우 잘 될 수 있음을 의미한다.

$x+y=0$
x을 자기 자신, y를 타인과의 관계를 의미한다고 하였을 때, 나와 타인과의 관계는 0, 즉 균형과 중용을 지켜야 한다고 생각한다.

$x= i$
x는 인생의 올바른 길을 의미하고, i는 존재하지 않는 상상의 세계를 의미한다. 즉, 옳은 길이 세상에 존재하지 않는 것 처럼 불가능하게 보일 때가 있음을 표현한 것이다.

$8\sqrt{25} \times \frac{5}{2}=100$
25살에 초등 현장에 나가서 8살 1학년 학생들을 업고서 이(2)만한 오(5)기로 시작하면 100점 만점 교사의 인생을 살아갈 시발점이 될 것이다.

$100 \div 101=0$의 몫과 나머지
최대한의 한계치 능력이 100인데 101의 일을 하려 무리하게 도전한다면 이루게 되는 성과인 몫은 하나도 남지 않고, 능력마저도 물거품이 된다는 의미를 담고 있다. 따라서 나의 한계치를 알고 계획적으로 자신에 대한 이해를 토대로 삶을 살아가야 한다.

⁘ $n^0=1$

n은 학생들 개개인, 0은 교사의 역할, 1은 본질적 자아 및 개성을 의미한다. 따라서 학생들 개개인에게 교사가 역할을 잘 한다면 학생들은 자신의 본질적 자아와 개성을 찾을 수 있다는 것을 의미한다.

⁘ 189=681

같은 하나의 개체도 보는 방향, 시각에 따라 다르다는 것을 의미한다. 사람을 대할 때나, 어떠한 문제를 접했을 때나 여러 가지 시각으로 바라봐야 한다고 생각한다.

⁘ **a가 자신을 의미할 때,**

10대의 삶 : ($\sqrt{a}$) : $\sqrt{\ }$ 라는 보호에 갇힌 ( ) 삶

20대의 삶 : $(\sqrt{a})^2$: 보호를 받는 상태에서 내 자신의 이해를 기반으로 하며 나를 찾는 계기로 삼고 더 나아가 20대 이후에도 $((\sqrt{a})^2)^2$와 같이 a^2인 나를 빛내는 삶을 추구해야 한다.

⁘ $2\times8=(-4)^2$

팔다리가 없이 태어났지만 장애를 극복하고 살아가는 오토다케 히로타다의 이야기를 담은 책인 「오체불만족」을 보고 느낀 점을 수식으로 표현해 보았다. 팔(8)이 두(2)개인 것에 −(감)사(4)하고 살자. 그리고 이 수식을 완성하기 위해서는 이해(2)를 바탕으로 베풀고 몸소 실천하는 삶을 살아가야만 가능하다.

⁘ 0 〈 1

우리는 시험을 친 후, 정답유무에 따라 맞으면 O, 틀리면 /로 표시한다. 이것을 얼핏 보게 되면 0과 1의 모습과 유사하다. 0과 1의 대소 관계는 1이 0보다 크다는 것은 자명한 사실이다. $0<1$ 인 것과 마찬가지로 시험

채점의 맞고 틀리는 것에 대해서도 O < / 이러한 관계를 설정하는 것이 내 삶의 모토이다. 맞는 문제라고 해서 배울 점은 없는 것은 아니다. 정답은 맞았더라도 문제를 해결하는 과정에서 헛갈리는 부분들이 있었다면 표시를 해두고 이를 나중에 다시 확실히 확인하는 과정에서도 많은 것을 얻어갈 수 있기 때문이다. 하지만 틀린 문제는 더 반가울 일이다. 더 학습하여 얻어갈 것이 많기 때문이다. 부족한 부분이 어디인지를 알 수 있고, 잘못알고 있던 개념이 있었다면 그것도 바로잡을 수 있는 좋은 기회이기 때문이다. 따라서 어떠한 문제를 맞았다고 기분 좋아할 것이 아니라 틀린 문제를 찾아 나서야 한다.

8-6=0.1

이 문장은 수학적으로 틀린 문장이다. 우리가 이미 정한, 알고 있는 규칙 내에서는 그러하다. 하지만 이 수식은 180도 회전시키면 '1.0=9-8'이 되어 완전하고 옳은 수식이 된다. 보는 관점에 따라 달라질 수 있다. 틀리고 맞는 것이 아니라 다르다는 관점에서 긍정적이고 유연한 자세로 사물이나 사건, 사람을 대하면 입장이 다르게 접근될 수 있을 것이다.

5-3=2

오해라고 생각된다면 세 발만 물러서서 바라보면 이해가 될 수 있다. 참을 인자 3번이면 살인도 면한다. 3초 생각, 3번 더 생각하라.

$\sqrt{81}=9,\ \sqrt{64}=8 \rightarrow \sqrt{(\frac{1}{9})}=\frac{1}{3} \rightarrow \sqrt{1}=1$

제곱근 안의 숫자는 다른 사람에게 비치는 내 모습에 해당하는 것이며, $\sqrt{\ }$ 라는 연산자가 본질은 파악하는 바로미터이다. 과대평가 또는 과소평가되기보다 본질과 타인이 보는 것에서 일치되는 $\sqrt{1}=1$ 이라는 삶을 추구하고 싶다.

- $\lim_{n\to\infty} \sqrt[n]{16} = 1$

  자주 본인에 대한 성찰을 할수록 자신의 본질을 추구해낼 수 있다는 의미이다. 처음에 그 어떤 것을 생각하더라도 자신에 대해 긍정적이며 많은 가치가 있다고 본다. 이러한 의미에서 어떤 특정한 수를 계속해서 성찰하면 자신을 제대로 알게 된다는 의미의 수식이다.

- **5(나), 2(타인)**

  2−5=−3, 2+5=7 나인 5의 입장에서 타인을 바라보고 관계 맺기에 따라 전혀 다른 삶의 시너지가 될 수 있다는 의미를 담고 있다.

- **3+0 · x=3**

  3은 삶의 대표적 유사음을 딴 숫자이다. x는 어떤 사건이며 대처하는 나의 자세가 중용적 도리를 다하고 평화로움을 추구한다면 항상 나다움을 추구할 수 있다.

- **20+1=나**

  20년의 삶에 더해진 1년이라는 재수생활이 진정 나다움을 일깨웠다.

- $\lim_{n\to\infty} \frac{1}{\sum_{n}(\text{걱정})} = 0$

  어떠한 걱정되는 상황에 대해 반대되는 긍정적인 생각을 계속해서 한다면 의외로 아무런 문제도 일어나지 않을 수 있다는 것을 의미한다.

- **나=원의 중심**

  나는 관계 맺는 것들의 중심에서 견인추 역할을 수행해서 원만한 상태를 이루도록 하는 삶을 살고 싶다.

인생경쟁의 출발점은 원의 중심

인생을 100m 달리기로 모두 같은 방향으로 일제히 달려서 먼저 도착하는 몇 사람만이 성공하는 것이 아니라, 이 원의 중심에서 자신이 정한 방향으로 달려가되 지금 현재 자신만이 진정한 경쟁자가 되도록 하는 그러한 삶을 추구하려고 노력하자는 의미이다.

$\frac{\text{성과}}{\text{요구}} \Rightarrow \text{성공}$

요구하는 정도가 적어지면 성과와 무관하게 성공지수는 높아진다. 대개 요구하는 정도가 높기 때문에 성공하지 못했다고 다들 실망하기 마련이다. 그 욕심의 정도가 조금 낮다면 조금의 성과만 있어도 그를 계기로 뜀틀의 구름판 역할을 충분히 할 수 있을 것이다.

삶의 이정표, 완전수

완전수는 자기 자신을 제외한 약수들의 합과 자신이 같아지는 성질을 갖는 수이다. 예를 들면 다음과 같은 수들이 있다. 6(1+2+3=6), 28(1+2+4+7+14=28), 49… 완전해지기 위해서는 자신과 관계되는 모든 약수들과 '+'란 강한 관계를 맺어 힘을 합쳐야 완전해진다는 점에서, 나 역시도 나와 관련되는 다양한 요소들을 적절히 잘 활용해야 한다는 교훈을 삶의 모토로 삼는다.

인간이 꾸는 꿈의 깊이

위의 꿈은 미래에 대한 희망을 뜻한다. 인간은 '인식'과 '생각'을 할 수 있는 그 순간부터 꿈을 꾸기 시작한다. 인간의 한 평생을 놓고 본다면 한 사람은 적어도 수만 가지의 꿈을 가질 것이다. 간단하게는 연예인을 만나고 싶은 꿈에서부터, 우리가 장래희망이라고 일컫는 직업에 대한 꿈까지. 이처럼 꿈은 그 종류도 다양하지만 깊이 또한 다양하다. 어릴

적 대통령이 되겠다는 꿈보다 교대생들이 교사가 되겠다는 꿈이 훨씬 간절한 것처럼 말이다. 이와 같이, 그 꿈이 간절하면 간절할수록 꿈의 깊이는 깊다고 할 수 있다. 정말 꿈의 깊이를 수치로 나타낸다면 내가 교사가 되겠다는 꿈의 깊이는 어느 정도 될까? 꿈의 깊이는 개인이 미래를 설계할 때 좋은 참고 자료가 될 것 같다.

인간이 일생 동안 지니는 에너지의 양

인간이 가지고 있는 모든 에너지를 소모했을 때, 죽음을 맞이한다고 가정한다. 즉, 죽은 그 순간에 인간의 에너지는 0이 되는 것이다. 이와 같은 규칙으로 인간이 일생동안 지니는 에너지의 양을 수량화할 수 있다. 개개인마다 그 에너지의 양은 다르고, 매순간마다 소모되는 에너지의 양도 다르다. 이 말은 곧 열정적이게 순간순간을 살아온 사람일수록 에너지의 양을 나타내는 수치가 크다는 것을 의미한다. 가상적으로라도 이런 수치가 있다면 많은 인간들이 조금 더 열심히 살려고 노력할 것이다.

8 → ∞

초등학교 5학년부터 고3때까지의 8년 동안 공부에 관해서는 큰 좌절이나 실패를 겪지 않고 8자처럼 꼿꼿이 서서 앞으로만 나아갔다. 그러나 대입에서 실패를 겪고 좌절을 맛보게 되었고, 그동안의 노력과 결과가 옆으로 쓰러지게 되었다. 그러나 재수를 시작하면서, 실패는 성공의 어머니라는 말이 있듯이 이러한 고난과 역경을 통해서 무한대의 가능성을 가진 사람이 될 수 있음을 느꼈다. 그래서 내 좌우명은 '고난과 역경, 좌절과 실패를 두려워하지 말자'가 되었다.

- $\sum_{n=1}^{\infty} n = 0 \rightarrow \sum_{n=1}^{\infty} \frac{1}{n} = \infty$

  나의 능력보다 더 많은 욕심을 부려서 아무리 더해도 남는 것이 없는 실속 없는 것을 할 것이 아니라 작지만 내 능력에 맞는 것들을 조금씩 쌓아 무한한 가능성을 실현할 수 있는 그러한 삶을 살고 싶다.

- Attitude=100

  알파벳 순서에 따라 1(A), 2(B), … Z(26)의 수를 부여하고 단어가 나타나는 수를 모두 더했을 때 100이 되는 것은 Attitude인 태도이다. 그러나 이보다 더 무한하다는 Ivictus는 127로 더 나은 것을 추구한다. 나는 이러한 본질적인 삶을 추구하고 싶다.

- a ⊙ b=ab+b

  문제를 풀다 보면, 문제 조건에 출제자가 만든 수식들이 있다. 문제를 푸는 사람의 입장에서는, 그 문제를 풀기 위해 출제자의 의도를 따를 수 밖에 없게 된다. 마찬가지로, 삶의 주체는 결국 나, 자신이다. 출제자가 만들어 낸 수식처럼, 자신의 삶도 주체적으로 이끌어 나가야 한다. 다른 수식들과, 공식들에 연연해하지 말고, 스스로 만들어 낸 수식처럼, 주체적인 삶을 살자는 의미를 나타내었다.

- **성공=(열정+재능)×노력**

  열정이나 천부적 재능만으로는 성공을 이끌 수 없다. 목표한 바를 이루고자 하는 의지를 다지며 실천으로 이어져야 하며, 힘든 순간이 와도 끊임없이 노력하는 자세를 가져야 한다. 나는 내가 가진 모든 열정과 능력을 바탕으로 부단한 노력을 하여 반드시 목표한 바를 이루고 싶다.

- **오래 걸은 후 한 걸음 더 걸을 수 있는 사람이 되자.**

  어떠한 일의 성패를 가르는 것은 아주 조금의 노력을 더 했느냐 하지 않았느냐에 달려 있다고 생각한다. 그 예로 아주 사소한 일이지만 10시 30분까지 공부를 하기로 했으면 5분 공부를 더 하는 것을 들 수 있다. 사람마다 노력의 크기를 측정하는 자신만의 한 걸음이 있다고 생각한다. 정말 오래 걸어서 지쳤음에도 불구하고 한 걸음을 더 내딛었을 때 의미 있는 발전이 있다고 생각한다.

내 삶은 시그마다.

합의 기호인 시그마($\sum$)처럼 매 순간순간이 합쳐져서 나를 만들기 때문이다.

현재 나의 상태는 뫼비우스의 띠이다.

뫼비우스 띠의 아무 곳에나 한 점을 찍고 띠를 따라 그렸을 때 반대편으로 이어진다. 즉, 겉과 속을 구분할 수 없다. 이와 같이 나도 지금 겉과 속을 구분할 수 없기 때문이다.

행복수

각 자리의 숫자를 제곱해서 더하는 조작을 반복해서 결과가 1이 나오는 수를 행복수라고 한다. 예를 들어서 100의 경우에는 $1^2+0^2+0^2=1$이므로 행복수다. 그래서 100이라는 수를 보면 나도 모르게 마음이 편해지고 완벽한 수라고 생각이 들었는지도 모른다. 사실 이런 조작을 통해서 나온 수가 1이라고 해서 행복수라고 칭하고 이를 보고 행복해 하는 행동이 의미가 없다고 느껴질 수도 있다. 그저 어떤 조작을 지정하고 이름을 '행복수'라고 지었을 뿐이기 때문이다. 하지만 이런 사소한 일로도 행복해 할 수 있는 것이 인생 아니겠는가. 나도 내가 이름을 많이 부를 어떤 일이 있다면 이에 긍정적인 단어를 명명해 주어 긍정적인 생각을 많이 할 수 있도록 노력해야겠다.

1 □ 1 □ 1 □ 1 □ 1=1 (□안에는 +, −, ×, ÷ 를 선택하여 넣는다.)

위의 +, −, ×, ÷ 를 중복 없이 배열하는 순서는 4!로 24가지가 있다. 그러나 그 어떤 경우에도 결과 값은 동일하게 1이 된다. 나는 이 사칙연산(+, −, ×, ÷)을 사회에서 요구하는 상황이나 환경, 자극 등으로 생각하고 싶다. 그 어떠한 상황에도 변함없는 나 자신을 표현하고 싶었다. 나의 환경이 좋을 때도, 좋지 않을 때도 있을 수 있지만 항상 나 자신을 잃지 않고 흔들림 없는 사람이 되고 싶다.

−1 +1 −1 +1 −1 +1 −1 +1 −1 +1 −1 +1=−1 −1 −1 −1 −1 −1 −1+7

위의 식에서 −1은 시련이나 노력을 의미하고, +1은 그 결과나 희열을 의미한다. 좌변의 식은 노력하고 인내한 결과를 하나씩 그 열매를 만끽하는 것인 반면, 우변의 식은 수 많은 시련과 노력을 하되 그 열매는 잘 무르익고 커지기를 기다려 최종적인 것을 의미한다. 나는 우변과 같은 선택을 하고 싶다.

공자는 자신의 학문의 과정을 나이에 따라 다음과 같이 말하였다.

열다섯에 학문에 뜻을 두고 (十有五而志于學)

서른에 뜻을 확고히 세웠으며(三十而立)

마흔에 온갖 유혹에 흔들리지 않았으며(四十而不惑)

쉰에 하늘의 명을 알았다(五十而知天命)

예순에 사물의 이치를 알게 되고 (六十而耳順)

일흔에 어느 일을 하든 법도가 있었다(七十而從心所欲不踰거)

공자가 그랬듯이 나도 서른 살에는 나의 직업을 떠나서 내가 정말 하고 싶은 일, 평생 일하면서 보람을 찾을 수 있는 일을 찾고 싶다. 쉰 살이 되었을 때는 어떤 모습이 되어 있을까 설계하고 그렇게 되도록 어떻게 할 것인지 구체적인 계획을 세워봐야겠다는 생각이 들었다.

뫼비우스의 띠

나의 겉모습이나 행동, 말투 등 외적인 모습을 보면 성격이나 사고방식, 가치관 등 내면적인 것들을 알아낼 수 있다. 눈에 보이는 외면의 모습을 따라가다 보면 어느새 보이지 않는 내면의 모습에 이르게 됩니다. 이런 점이 안과 밖이 연결되어 있는 뫼비우스의 띠와 같다고 생각한다.

분할수

'천재들의 수학 노트' 라는 책의 내용 중 분할수에 대한 소개가 있었다. 이를 통해서 나의 좌우명을 설명할 수 있을 것이라는 생각이 들었다.

예를 들어 4를 자연수들의 합으로 표현하는 방법은 4=3+1=2+2=2+1+1=1+1+1+1로, 자기 자신을 포함하여 모두 다섯 가지이다. 일반적으로 주어진 수를 자연수들의 합으로 표현하는 방법의 개수를 구할 수 있을까? 수학자들은 이 개수를 분할수라고 한다.

어떠한 문제를 해결할 때에도 마찬가지라고 생각한다. 한번에 그 문제를 해결할 수도 있지만 그 양이 방대하거나 난이도가 높아서 한번에 해결하기 어려운 경우에는 여러 작은 조각으로 나누어서 생각해 볼 수도 있다. 문제가 어려울수록(수의 크기가 클수록) 작게 나누는 경우의 수인 분할수도 많아지기 때문에 당황하지 말고 다양한 방법을 고려해보는 것이 중요하다고 생각한다.

1+1=0

우리는 1+1이 2 이라고 배워 왔고, 그 사실에 절대 공감한다. 그러나 며칠 전 '수학의 이해' 시간에 교수님께서 1+1이 항상 2가 아니라 0 일 수 있다고 말씀하셨다. 처음에 이 말을 들었을 때 좀 억지 같았다. 그러나 집에서 곰곰이 생각하다보니 1+1이 0이라는 것을 실생활에서도 찾을 수 있음을 알게 되었다. 예를 들어, 스위치가 버튼으로 된 텔레비전을 생각해 보자. 텔레비전의 스위치를 누르는 행위(텔레비전을 켜는 행위)를 1이라고 하면 다시 이 스위치를 누르면 1+1의 행위를 한 것이다. 하지만 그러면 텔레비전은 꺼져서 아무 것도 하지 않는 상태가 되기 때문에 이 조작의 결과는 0이 된다. 또 다른 예로 친구와 물건을 교환하는 행위를 한다고 하였을 때 이를 1이라고 하자. 이 동작을 두 번 되풀이하였을 때를 식으로 표현하면 1+1로 표현할 수 있다. 하지만 그 결과 원래의 상태(교환이전의 상태)가 되기 때문에 그 행위의 결과는 0 이 된다. 따라서 생각하는 시각에 따라 1+1의 결과는 0이 될 수 도 있다.

관계의 중요도

사람은 여러 무엇인가와 관계를 맺으며 살아간다. 그 중에는 항상 가지고 다니는 스마트폰이 있을 수도 있고 애정하는 책일 수도 있다. 또한 가족으로서, 친구로서 타인과 관계를 맺으며 살아갈 수도 있다. 우리는 수많은 관계를 맺으며 살아가지만 무엇보다 중요한 관계는 다름이 아니라 사람과 사람 사이의 관계이다.

사물과의 관계보다 사람사이의 관계가 더 중요하다는 것을 수학적으로 증명해 보자. 예를 들어 친구 다섯(A, B, C, D, E)이 영화관을 갔다고 생각해보자. A가 다섯 개의 자리 중 가장 가운데 앉고 싶다고 가정했을 때, 확률은 얼마인가? 1/5이다. 이번에는 A가 B의 옆자리에 앉고 싶다고 가정해 보자. 고등학교 때 배운 조합을 이용하면 간단히 2/5라는 결과를 도출해낼 수 있다.

위에 식에서 알 수 있듯이 사물을 원할 때보다 사람을 원할 때 확률이 더 커짐을 알 수 있다. 사람사이의 관계가 사물과의 관계보다 중요하다는 증명이다. 일반화시켜 증명을 해보면 사물과의 관계는 항상 1/n, 사람사이의 관계는 항상 2/n이라는 결과가 나오게 된다. 따라서 일방적인 사람과 사물 사이의 관계보다는 서로 상호작용을 하는 사람과 사람 사이의 관계가 더 중요하다고 생각한다.

인간관계와 사칙연산

나는 빼기와 나누기 없이 더하기와 곱하기만 있는 인간관계를 원했다. 그러나 학창시절에 친구와 다투고 화해하는 과정들을 경험하면서 더하기와 곱하기만 있는 인간관계보다 빼기와 나누기가 있더라도 이를 극복하는 과정을 거치면 더욱 돈독한 관계가 될 수 있음을 알게 되었다. 따라서 물론 빼기와 나누기와 같은 상황들이 많으면 좋지 않지만 적절하게는 필요하다고 생각한다.

0의 나

지금까지의 나에게는 스스로 무엇인가를 판단하여 결정할 기회가 많지 않았다. 하지만 성인이 된 지금은 내가 책임을 지고 무엇인가를 판단하고 결정해야 한다. 그러기 위해서는 인생에 나만의 기준 이라는 것이 있어야 한다고 생각이 들었다. 그래서 나는 숫자 0으로 이런 나의 생각을 표현하고자 한다. 0은 음수와 양수의 기준이 되는 숫자이다. 숫자 0처럼 나의 인생에 확실한 기준을 만들고 싶다는 마음을 담은 것이다.

또 다른 시각에서 바라보면 0은 아무것도 없는 상태를 의미하기도 한다. 지금 이 순간의 나를 0으로 표현하고 싶다. 아직 아무것도 이루어지지 않은 상태, 앞으로 내가 어떻게 하느냐에 따라 음의 방향으로, 또는 양의 방향으로 진행 될 수 있는 그런 상태, 여태껏 생각 없이 살아 온 내 자신을 변화시켜 새로운 시작점으로 삼고 싶은 마음에서 0이라는 숫자를 나의 좌우명으로 표현해 보았다.

지은이 김상룡

- 경북대학교 자연과학대학 통계학과
- 경북대학교 대학원 통계학 전공
- 이학박사
- 현재 대구교육대학교 수학교육과 교수

- 대표저서 : 내 마음 속의 수학풍경 (2011)
  생활과 수학의 만남 (2003)
  수학과 문학의 만남 (2020)

- E-mail : slkim@dnue.ac.kr

수학과 삶

초판발행 2021년 2월 5일

지은이 김상룡
펴낸이 오판근
펴낸곳 (주) 교우
주 소 서울시 동대문구 약령시로 8 교우빌딩 2층 (주)교우
전 화 02-925-2861 / **팩 스** 02-925-2860, **편집부** 02-925-2825
홈페이지&북스토어 www.kyowoo.co.kr / 이메일 kyowoo@kyowoo.co.kr

등 록 1994년 3월 24일 제1994-000013호
ISBN 979-11-251-0327-1 (03410)

Published by Kyowoo Co., Ltd. Printed in Korea

(주) 교우는 보다 혁신적이고 참신한 도서를 다양하게 기획하고 있습니다.
책으로 펴내고자 하는 아이디어나 원고는 메일로 보내주세요.
(주) 교우는 전과정을 책임지고 최선을 다하겠습니다.

값 16,000원

교우미디어는 (주) 교우의 Imprint 사입니다.
수학정원·과학정원은 (주) 교우의 새로운 브랜드명입니다.

잘못된 책은 구입하신 서점에서 교환해 드립니다.